例題30＋演習問題70でしっかり学ぶ

Excel VBA 標準テキスト

[Excel 2013/2016 対応版]

近田順一朗 著

技術評論社

ご注意
ご購入・ご利用の前に必ずお読みください

■ **本書の内容について**

　この本の、ExcelのマクロとVBAに関する情報の一部は、Microsoft社の「Excel VBA用リファレンス」を参考にしています。

　ExcelとVBAのオブジェクト、プロパティ、メソッド、ステートメント、ユーザーフォーム、コントロール、モジュールおよびVBA関数についてのより詳しい説明と使用方法は、VBE(Visual Basic Editor)「ヘルプ」またはMicrosoft社のサイトよりご確認ください。

　この本ではVBAの関数、メソッド、プロパティなどの引数は、VBAが初めて方のために日本語で表記できるものはなるべく日本語を使用しています。しかし、Excelは米国のMicrosoft社製のために、引数が日本語で表記できない場合は、そのまま英語の表記になっています。このため引数の表記につきましては、日本語と英語が混在していますのでご了承ください。

　この本の例題と問題の解答として作成したVBAのコードの変数名は、VBAの初心者用になるべく日本語で記述しています。さらにVBAのプログラムが初めての方のために、例題と問題の解答のコードは、省略できる不要な部分も記述しています。そのため、本来のVBAらしい簡潔なコードでの記述は、していませんのでご了承ください。

　本書に記載された内容は、ExcelとVBAの情報の提供のみを目的としています。したがって、本書を用いた運用は、必ずお客様自身の責任と判断によって行ってください。これらの情報の運用の結果について、技術評論社および著者はいかなる責任も負いません。

　本書記載のExcelとVBAの情報は、2016年2月28日現在のものを掲載しておりますので、ご利用時には変更されている場合もあります。

　本書は、Microsoft Excel 2016とExcel 2013に対応しています。また、本書の説明画面は、Microsoft Windows 10とExcel 2016およびExcel 2013で作成しています。

　以上の注意事項をご承諾いただいた上で、本書をご利用願います。これらの注意事項をお読みいただかずにお問い合わせいただいても、技術評論社および著者は対処しかねますので、あらかじめご承知おきください。

サンプルファイルについて

　本書の学習で必要だと思われるサンプルファイルの「例題」や「やってみよう!」「総合問題」の問題と解答は、下記よりダウンロードしてお使いいただけます。

　　　　　　　　http://gihyo.jp/book/2016/978-4-7741-8144-8

　本書で提供するサンプルファイルは本書の購入者に限り、個人、法人を問わず無料で使用できますが、再転載や二次使用は禁止致します。

　サンプルファイルは、必ずお客様自身の責任と判断によって行ってください。サンプルファイルを使用した結果生じたいかなる直接的・間接的損害も、技術評論社、著者、プログラムの開発者およびサンプルファイルの制作に関わったすべての個人と企業は、いっさいその責任を負いかねます。

● Microsoft Windows、Officeおよびその他本文中に記載されているソフトウェア製品の名称は、すべて関係各社の各国における商標または登録商標です。

はじめに

　表計算ソフトのExcelは、ビジネスマンにとっては毎日の仕事に欠かせないビジネスツールになっています。しかし、Excelを毎日利用しているビジネスマンでも、マクロとVBAやユーザーフォームの機能を十分に活用し、マクロとVBAを利用するためにExcelのリボンに「開発」タブを表示している方は、まだまだ少数派です。これは、多忙なビジネスマンにとってマクロやVBAを学習するための十分な時間がなかったり、マスターするのが大変だと考えているためではないでしょうか。

　本書は、例題と問題を解くことにより、マクロとVBAやユーザーフォームをビジネスの現場や学校での学習で活用できることを目的にしています。そのため、本書の例題と問題は、住所録、見積書、請求書、売上集計表など実践的なサンプルから作成しています。また、この本で解説しているVBAとユーザーフォームについての例題と問題および解答のファイルは、本書のサポートページからダウンロードできますので、ビジネスや学習に必要なVBAのコードをすぐに確認することができます。

　Excelを利用していると、ワークシートへの作業は定型化してきます。毎日、毎週または毎月で実行する定型化した作業の自動化に役立つのが、マクロの自動記録です。このマクロの自動記録を使って、定期的に実行する一連の作業をコード化して保存しておけば、複雑な処理も正確かつ迅速に再実行することができるようになります。本書では、マクロの自動記録について、解説しています。

　Excelのファイルをサーバーやネットで共有して、同じファイルを複数の人が使用することが多くなっています。このような場合、Excelに慣れていない人の誤った操作のためにワークシートの数式や関数を削除する危険があります。本書では、VBAによりワークシートに保護をかけ、数式と関数を守る方法や、メッセージボックスとインプットボックスを利用して、Excelに慣れていない人のために入力を補助する方法について解説しています。

　Excelのファイルには、マイナンバーのデータや取引先の個人情報データなど外部に漏れないように管理しなければならない情報が登録されることがあります。本書では、VBAによりExcelのファイルを開くときに、パスワードの入力が必要となる読み取り保護の設定について解説しています。

　Excelのワークシートをデータベースのテーブルのように利用すると、VBAのユーザーフォームと組み合わせてデータの入力と修正および削除が簡単にできるようになります。本書では、VBAのユーザーフォームを作成する方法とコントロールを利用する手順について解説しています。

　最後になりましたが、本書を執筆するにあたりまして、株式会社技術評論社　書籍編集部編集長の加藤博様には多大なるご尽力をいただきました。この場をお借りいたしましてお礼申し上げます。

著者　近田　順一朗

目次

PART 1 マクロとVBAを活用しよう　11

Lesson 1 　ExcelのマクロとVBA ･････････････････････････････････ 12
　　　1. ExcelのマクロとVBA ･････････････････････････････････････ 12
　　　2. マクロの作成方法 ･･ 13
　　　3. マクロで何ができるのか ････････････････････････････････････ 15

Lesson 2 　Excelのマクロを有効にする ･････････････････････････････ 16
　　　1. マクロを有効にする ･･･････････････････････････････････････ 16
　　　2. Excelでマクロを有効にする方法 ････････････････････････････ 16

Lesson 3 　VBEを起動する ･･･････････････････････････････････････ 21
　　　1. Excelで［開発］タブを表示する ･････････････････････････････ 21
　　　2. VBEを起動する ･･･ 23

Lesson 4 　操作を自動記録してマクロに保存する ････････････････････ 26
　　例題 01 　セルのデータの消去をマクロの自動記録で保存する ･････････････ 26
　　　1. マクロを自動記録する ･････････････････････････････････････ 27
　　　2. 自動記録で保存したマクロのコードを確認する ････････････････････ 28
　　　3. マクロの自動記録の「絶対参照」と「相対参照」･･････････････････ 29
　　　やってみよう! 1 ･･ 30

Lesson 5 　自動記録したマクロを実行する ･････････････････････････ 31
　　例題 02 　自動記録したマクロを呼び出してセルのデータを消去する ･････････ 31
　　　1. マクロを呼び出して実行する ･････････････････････････････････ 32
　　　2. 自動記録したマクロのVBAコードを編集する ･･････････････････ 33

Lesson 6 　マクロをいろいろな方法で実行する ･･････････････････････ 36
　　　1. マクロをコントロールキーで実行する ･･･････････････････････････ 36
　　　2. マクロをコマンドボタンで実行する ･････････････････････････････ 38
　　　3. マクロを図形のクリックで実行する ･････････････････････････････ 41
　　　4. マクロをExcelのリボンで実行する ････････････････････････････ 43
　　　5. マクロをExcelのクイックアクセスツールバーで実行する ･････････････ 49
　　　やってみよう! 2 ･･ 52

Lesson 7 　VBEでマクロの編集と削除をする ････････････････････････ 53
　　　1. マクロの名前を変更する ････････････････････････････････････ 53
　　　2. マクロを削除する ･･ 55
　　　3. 自動記録したマクロについて ････････････････････････････････ 57

Lesson 8 　オブジェクトとプロパティ、メソッド、イベントとは ･････････････ 58

CONTENTS

PART 2 ▶ 変数・配列とステートメント　61

Lesson 1　変数にワークシートの値を代入する ･････････････････････ **62**

　　1. 変数の宣言 ･･･ 62
　　2. 変数の有効範囲（スコープ） ･････････････････････････････････ 63
　　3. 変数のデータ型 ･･･ 64
例題 03　ワークシートの数値を変数に代入する ･････････････････････ 66
　　やってみよう! 3 ･･･ 67

Lesson 2　配列にワークシートの値を代入する ･････････････････････ **70**

　　1. 配列の宣言 ･･･ 70
　　2. 配列のインデックス番号 ･････････････････････････････････････ 71
　　3. 配列の使い方 ･･･ 71
　　やってみよう! 4 ･･･ 73

Lesson 3　If～Thenステートメントで処理を分岐する ･･･････････････ **74**

　　1. If～Thenステートメント ･････････････････････････････････････ 74
　　2. If～Then～Elseステートメント ･･･････････････････････････････ 74
　　3. If～Then～ElseIfステートメント ･････････････････････････････ 75
　　4. 比較演算子と論理演算子 ･････････････････････････････････････ 76
例題 04　20歳以上を「成人です」と表示する ･････････････････････････ 77
　　5. コードの入力 ･･･ 77
　　6. コードの編集 ･･･ 78
　　やってみよう! 5 ･･･ 78

Lesson 4　Select～Caseステートメントで処理を選択する ･･･････････ **79**

　　1. Select～Caseステートメント ･････････････････････････････････ 79
例題 05　点数により成績を判定する ･･･････････････････････････････ 81
　　2. コードの入力 ･･･ 81
　　3. コードの編集 ･･･ 82
　　やってみよう! 6 ･･･ 82
　　やってみよう! 7 ･･･ 83

Lesson 5　For～Nextステートメントで処理を繰り返す ･･････････････ **84**

　　1. For～Nextステートメント ････････････････････････････････････ 84
例題 06　都道府県のデータを代入する ･････････････････････････････ 86
　　2. コードの入力 ･･･ 86
　　3. Cellsプロパティの利用 ･･････････････････････････････････････ 86
　　やってみよう! 8 ･･･ 88
　　やってみよう! 9 ･･･ 88

Lesson 6　Do～Loopステートメントで処理を繰り返す ･･････････････ **89**

　　1. Do～Loopステートメント ････････････････････････････････････ 89
　　2. Do～Loopステートメントの終了 ･･････････････････････････････ 91
　　やってみよう! 10 ･･ 92

目次

PART 3 ▶ プロシージャとVBA関数　　93

Lesson 1　プロシージャとVBA関数 ･････････････････････････････ 94
　　1. プロシージャの種類 ････････････････････････････････････ 94
　　2. VBA関数の概要 ･･･････････････････････････････････････ 97
　　3. ユーザー定義関数を作成する ･･････････････････････････ 101

Lesson 2　日付と時刻を操作する ･････････････････････････････ 104
　　例題 07 ▶ Date関数 Time関数 Now関数で現在の日付と時刻を求める ････ 104
　　1. Date関数とTime関数 ････････････････････････････････ 105
　　2. Now関数 ･･ 105
　　やってみよう! 11 ･･ 106
　　やってみよう! 12 ･･ 107
　　やってみよう! 13 ･･ 108
　　やってみよう! 14 ･･ 109
　　やってみよう! 15 ･･ 110
　　やってみよう! 16 ･･ 111

Lesson 3　文字列を操作する ･････････････････････････････････ 112
　　例題 08 ▶ Len関数で文字列の文字数を調べる ･････････････････ 112
　　やってみよう! 17 ･･ 113
　　やってみよう! 18 ･･ 114
　　やってみよう! 19 ･･ 115
　　やってみよう! 20 ･･ 116
　　やってみよう! 21 ･･ 117
　　やってみよう! 22 ･･ 118
　　やってみよう! 23 ･･ 119

Lesson 4　数値を操作する ･･･････････････････････････････････ 120
　　例題 09 ▶ Int関数とFix関数で整数を返す ･･････････････････････ 120
　　やってみよう! 24 ･･ 122
　　やってみよう! 25 ･･ 123
　　やってみよう! 26 ･･ 124

Lesson 5　Format関数で書式を操作する ･･･････････････････････ 125
　　例題 10 ▶ Format関数で日付を和暦に変換する ･･･････････････ 125
　　やってみよう! 27 ･･ 127
　　やってみよう! 28 ･･ 127

Lesson 6　MsgBox関数でユーザーにメッセージを表示する ･･････ 128
　　例題 11 ▶ MsgBox関数で［OK］ボタンを使用する ････････････ 128
　　1. コードの入力 ･･･ 128
　　2. MsgBox関数 ･･･ 129
　　3. MsgBox関数のアイコン ･･･････････････････････････････ 130
　　やってみよう! 29 ･･ 131
　　やってみよう! 30 ･･ 132

CONTENTS

Lesson 7	InputBox関数でユーザーが値を入力する · · · · · · · · · · · 133

例題 12 InputBox関数で文字列を入力する · · · · · · · · · · · · · · · · · 133
　　　　やってみよう! 31 · 135
　　　　やってみよう! 32 · 136

Lesson 8	その他のVBA関数 · 137

　　　　やってみよう! 33 · 138
　　　　やってみよう! 34 · 139

Lesson 9	ユーザー定義関数で処理をする · · · · · · · · · · · · · · · · · · · 140

　　　　やってみよう! 35 · 143
　　　　やってみよう! 36 · 144

PART 4 ▶ セルの操作　　　145

Lesson 1	セルとセル範囲を選択する · 146

　　　　1. Rangeプロパティでセルを参照する · · · · · · · · · · · · · · · · · · 146
　　　　2. Cellsプロパティでセルを参照する · · · · · · · · · · · · · · · · · · · 147
　　　　3. ActivateメソッドとSelectメソッドでセルを選択する · · · · 148
　　　　4. Offsetプロパティで相対的なセルの位置を選択する · · · · · · 149
　　　　5. Rowsプロパティで行を、Columnsプロパティで列を選択する · · · 150
　　　　6. Valueプロパティでセルに値を入力する · · · · · · · · · · · · · · 151
　　　　7. Formulaプロパティでセルに数式を入力する · · · · · · · · · · · 152
例題 13 表全体を選択して最後のセルを取得する · · · · · · · · · · · · · · 154
　　　　やってみよう! 37 · 155
　　　　やってみよう! 38 · 156

Lesson 2	セルとセル範囲のコピーと消去をする · · · · · · · · · · · · · 157

例題 14 セル範囲をコピーして貼り付ける · · · · · · · · · · · · · · · · · · · 157
　　　　やってみよう! 39 · 160
　　　　やってみよう! 40 · 161
　　　　やってみよう! 41 · 162
　　　　やってみよう! 42 · 163

Lesson 3	セルの書式設定（1）文字の種類とセルの色 · · · · · · · · · 164

例題 15 文字のフォントとサイズを変更する · · · · · · · · · · · · · · · · · 164
　　　　1. コードの入力 · 165
　　　　2. Withステートメントで処理をまとめて記述する · · · · · · · · · 165
　　　　やってみよう! 43 · 168
　　　　やってみよう! 44 · 169
　　　　やってみよう! 45 · 170
　　　　やってみよう! 46 · 171

Lesson 4	セルの書式設定（2）セルの表示形式 · · · · · · · · · · · · · · · 172

例題 16 数値にカンマと円記号を付ける · 172
　　　　やってみよう! 47 · 174

目次

やってみよう! 48 ･･ 174
やってみよう! 49 ･･ 176
やってみよう! 50 ･･ 177

Lesson 5　セルの書式設定（3）セル範囲の罫線 ･･････････････････････ 178

例題 17 セル範囲に罫線を引く ･･････････････････････････････････ 178
やってみよう! 51 ･･ 180
やってみよう! 52 ･･ 181

Lesson 6　行と列やセル範囲の挿入と削除をする ･･････････････････････ 182

例題 18 行と列の挿入と削除をする ･･････････････････････････････ 182
やってみよう! 53 ･･ 184

Lesson 7　行と列の非表示と再表示をする ･･･････････････････････････ 185

例題 19 行と列の非表示と再表示をする ･･････････････････････････ 185

PART 5　ワークシートの操作　189

Lesson 1　ワークシートを選択する ･････････････････････････････････ 190

1. Worksheetsプロパティでワークシートを参照する ･･････････････ 190
2. ActivateメソッドとSelectメソッドでワークシートを選択する ････ 191
3. ワークシートの名前を変更する ･･･････････････････････････ 192
4. ワークシートの見出しの色を変更する ･･････････････････････ 193

例題 20 ワークシートがアクティブになったときに処理をする ･･･････････ 194

5. イベントプロシージャの作成 ････････････････････････････ 194
6. Worksheet_Activateのイベントプロシージャのコード ･････････ 196

やってみよう! 54 ･･ 197

Lesson 2　ワークシートの追加と削除をする ･････････････････････････ 198

例題 21 ワークシートの追加と削除をする ･･････････････････････････ 198

Lesson 3　ワークシートのコピーと移動をする ･･･････････････････････ 201

例題 22 ワークシートのコピーと移動をする ･････････････････････････ 201

Lesson 4　ワークシートの非表示と再表示をする ･････････････････････ 203

例題 23 ワークシートの非表示と再表示をする ･･･････････････････････ 203

Lesson 5　ワークシートの保護と解除をする ･････････････････････････ 205

例題 24 ワークシートの保護と解除をする（やってみよう! 2より） ･･････････ 205
やってみよう! 55 ･･ 209

Lesson 6　ワークシートを印刷する ･････････････････････････････････ 210

1. ワークシートを印刷する ････････････････････････････････ 210

例題 25 ワークシートのセル範囲を印刷する ････････････････････････ 212
やってみよう! 56 ･･ 213

やってみよう! 57 ･･･ 214
やってみよう! 58 ･･･ 215
やってみよう! 59 ･･･ 216
やってみよう! 60 ･･･ 217

PART 6 ワークブックとファイルの操作　219

Lesson 1　ワークブックを開く・閉じる ････････････････････････････ 220
1. ワークブックを開く ････････････････････････････････････ 220
2. ワークブックの選択と追加をする ････････････････････････ 221
3. ワークブックを保存する ･･････････････････････････････ 224
4. ワークブックを閉じる ････････････････････････････････ 225

Lesson 2　ワークブックにパスワードを設定する ･････････････････････ 227
1. ワークブックに「読み取りパスワード」を設定する ････････････ 227
2. ワークブックに「書き込みパスワード」を設定する ････････････ 229
やってみよう! 61 ･････････････････････････････････････ 230
3. ワークブックのイベントプロシージャ ････････････････････ 232
やってみよう! 62 ･････････････････････････････････････ 233

Lesson 3　データのファイルへの保存と読み込み ･････････････････････ 234
1. ワークブックのデータを他の形式のファイルに保存する ･･････ 234
2. 他の形式のファイルのデータをワークシートで開く ･･････････ 235
例題 26　[ファイルを開く][名前を付けて保存]ダイアログボックスを利用する ････ 236
3. GetSaveAsFilenameメソッドの利用 ･･････････････････････ 237
4. GetOpenFilenameメソッドの利用 ････････････････････････ 238

PART 7 データベース処理　243

Lesson 1　Findでデータを検索する ･･････････････････････････････ 244
例題 27　郵便番号データを完全一致で検索する ･････････････････ 244
1. コードの入力 ････････････････････････････････････ 245
2. Findメソッドのコードの説明 ････････････････････････ 245
3. Findメソッドによるデータの検索 ････････････････････ 246
やってみよう! 63 ･････････････････････････････････････ 248

Lesson 2　Sortでデータを並べ替える ････････････････････････････ 249
例題 28　商品台帳データを並べ替える ･････････････････････････ 249
1. コードの入力 ････････････････････････････････････ 250
2. Sortオブジェクトのコードの説明 ････････････････････ 251
3. Sortオブジェクトによるデータの並べ替え ････････････ 251
やってみよう! 64 ･････････････････････････････････････ 253

目次

	やってみよう! 65	255
Lesson 3	**Filterでデータを抽出する**	**256**
例題 29	顧客名簿データを抽出する (Autofilter)	256
	1. コードの入力	257
	2. AutoFilterメソッドのコードの説明	257
	3. AutoFilterメソッドによるデータの抽出	258
	やってみよう! 66	259
	やってみよう! 67	261
	やってみよう! 68	263
Lesson 4	**Subtotalでデータを集計する**	**264**
例題 30	売上明細データを集計する	264
	1. コードの入力	265
	2. Subtotalメソッドのコードの説明	267
	3. Subtotalメソッドによるデータの集計	268

PART 8　ユーザーフォームを作成してデータを入力する　271

Lesson 1	**ユーザーフォームを作成する**	**272**
	1. ユーザーフォームを作成する	273
	2. ユーザーフォームのプロパティを表示する	274
	3. ユーザーフォームのコードを表示する	277
	4. ワークシートのボタンからユーザーフォームを開く	279
	5. ユーザーフォームを開くタイミング	281
Lesson 2	**コントロールとイベントプロシージャ**	**282**
	1. ツールボックスを開く	282
	2. ラベルを作成する	284
	3. テキストボックスを作成する	286
	4. コマンドボタンを作成する	288
	5. コマンドボタンでユーザーフォームを閉じる	290
	6. ユーザーフォームとコントロールのイベントプロシージャ	292
	やってみよう! 69	294
Lesson 3	**ユーザーフォームからデータを入力する**	**295**
	1. リストボックスを作成する	295
	2. コンボボックスを作成する	299
	3. オプションボタンを作成する	302
	4. チェックボックスを作成する	305
	やってみよう! 70	308
付録		**311**
	付録1 Excelファイルのダウンロードについて	312
	付録2 本書とExcelファイルへのご質問について	314
	付録3 VBAの次の学習ステップについて	316
	付録4 総合問題で応用力を付ける	317

PART 1

マクロとVBAを活用しよう

▶▶ Lesson 1　　ExcelのマクロとVBA

▶▶ Lesson 2　　Excelのマクロを有効にする

▶▶ Lesson 3　　VBEを起動する

▶▶ Lesson 4　　操作を自動記録してマクロに保存する

▶▶ Lesson 5　　自動記録したマクロを実行する

▶▶ Lesson 6　　マクロをいろいろな方法で実行する

▶▶ Lesson 7　　VBEでマクロの編集と削除をする

▶▶ Lesson 8　　オブジェクトとプロパティ、メソッド、イベントとは

Lesson 1 ExcelのマクロとVBA

学習のポイント
- マクロとVBAとは何かについて学びます。
- マクロとVBAでできることについて学びます。

1 ▶▶ ExcelのマクロとVBA

　Excelは、ビジネスでは必須の表計算ソフトウェアになっていますが、Excelのすべてのユーザーがマクロとなとを必要とするわけではありません。

　Excelをセルの集計をする表計算やグラフを作成するソフトウェアとして利用している場合は、マクロとVBAは必要がありません。

　しかし、毎日または毎月の定型的な集計作業を自動化したり、大量のデータの抽出や並べ替え作業を正確に実行して仕事の効率化をするためには、ExcelのマクロとVBAが必要になります。

　さらに、マクロとVBAでは作成した複数のマクロを登録（部品化）して、一連の作業をシステム化することも可能になります。

●定型的な作業を自動化する

　マクロとVBAによりデータの集計作業などのExcelのセルとワークシートへの操作を自動化して、集計結果のグラフ化による分析作業を効率化できます。

●複雑で時間のかかる作業を正確に実行する

　マクロとVBAにより大量のデータの抽出や並べ替えなどのセルとワークシートへの複雑で時間のかかる操作を自動化して、毎日または毎月ごとの操作を同じ条件で正確に短時間で実行することができます。

●共有ファイルを保護する

　サーバーやネット上でExcelファイルを複数の人で共有して利用する場合は、セルの数式や関数がユーザーの誤操作により削除されることがあります。さらに悪意のあるユーザーによりファイルが変更されることも考えられます。

　多くの人が共有して利用するExcelファイルは、マクロとVBAを利用することによりファイルへの誤操作や不要な変更を防ぐことができます。

2 マクロの作成方法

ExcelのマクロにはWマクロの自動記録を利用する方法と、VBAのコードをVBE（エディター）で作成する方法があります。

●Excelのマクロの自動記録を利用する

Excelのマクロの自動記録は、Excelの［マクロの記録］ボタンをクリックにしてワークシートとセルへの操作を実行するだけで簡単にできます。

Excelを利用する場合、セルへのデータ入力や文字・罫線など書式の変更、グラフの作成と表示、ワークシートの挿入や削除などいろいろな操作を行っています。マクロの自動記録は、これらのすべての作業をマクロとして保存することができ、このマクロとして保存した操作は簡単に再実行することができます。

(1) リボンの［開発］タブから［マクロの記録］ボタンをクリックします。

(2) ［マクロの記録］ダイアログボックスで記録する「マクロ名」を入力します。

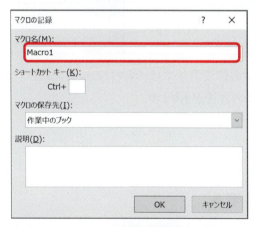

(3) ワークシートへの操作を実行します。

(4) リボンの［開発］タブから［記録終了］ボタンをクリックします。

●**VBAのコードをVBE（エディター）で作成する**

　ユーザーがVBE（エディター）で作成するマクロは、変数と配列、VBA関数、ユーザーフォームが利用できます。さらに、if文やfor文により条件分岐や繰り返し処理をすることができるので、より複雑で柔軟な処理を実行することができます。

（1）リボンの[開発]タブから[Visual Basic]ボタンをクリックします。

（2）VBE（Visual Basic Editor）が起動します。

[標準モジュール]を追加してコードを記述することができる。

　このようにマクロの作成方法には、マクロの自動記録とVBE（エディター）で作成するという2つの方法があります。

 **マクロとVBA**

　マクロとは、Excelのセルとワークシートへの操作を自動的に実行する機能のことです。よく利用するセルとワークシートへの操作をマクロとして保存しておくと、いつでもその操作を実行することができるので仕事の効率化ができます。
　VBA（Visual Basic for Applications）は、マクロを作成するためのプログラミング言語です。マクロは、すべてVBAのコードで記述されますので、このコードへの追加や編集をしてセルとワークシートへの複雑な操作を実行することができます。
　さらに、VBAはExcelだけでなく、Word、Access、PowerPointなど他のMicrosoft社のOffice製品にも搭載されています。VBAのプログラミングをマスターすると、Officeを幅広く活用することができます。

PART 1　Lesson 1　ExcelのマクロとVBA

3 ▶▶ マクロで何ができるのか

マクロを使うと、どのようなことが自動化できるのかについて考えてみましょう。

ここでは、マクロを利用しない場合の作業手順とマクロを利用した場合の作業手順を比較してみます。

●マクロを利用しない場合の作業手順

マクロを利用しない場合には、まず、手作業でデータが入力してあるセルのデータをすべて消去してから、新しいデータの入力をします。

請求書ワークシートは、VLOOKUP関数により、顧客コードから顧客の名称と住所を、商品コードから商品の名称と単価のデータを参照して自動入力できるようになっています。そのためデータを消去するときに、間違ってセルの数式やVLOOKUP関数を削除することがあります。

●マクロを利用する手順

マクロを利用する場合には、自動記録したマクロを実行してデータをすべて消去してから、新しいデータを入力します。

マクロの記録を正確にしておけば、間違ってセルの数式やVLOOKUP関数を削除することがありません。

マクロの自動記録で作成したMacro1を実行する。

マクロを実行すると、請求書のデータを入力するセルがすべて消去されます。

このように、マクロを利用すると作業時間の短縮につながるだけでなく、間違いのない正確な操作をすることができます。

Lesson 2 Excelのマクロを有効にする

学習のポイント
- Excelでマクロを有効にする方法を学びます。
- Excelのファイル形式と拡張子について学びます。

1 ▶▶ マクロを有効にする

　マクロとVBAを利用するには、最初にExcelのマクロを有効にしてマクロの自動記録とマクロの実行をすることができるようにします。

　Excelでは、ワークブックに組み込んだマクロとVBAのコードは無視されて実行されないことがあります。これは悪意のあるマクロからパソコンを守るために、Excelのセキュリティのレベルが高くなっているためです。この場合は、セキュリティのレベルを変更して、マクロの自動記録とマクロの実行をすることができるようにする必要があります。

2 ▶▶ Excelでマクロを有効にする方法

　Excelでマクロを組み込んだファイルを開くときには、「『セキュリティの警告』マクロが無効にされました。」のメッセージから［コンテンツの有効化］ボタンをクリックします。

　Excelでは、［コンテンツの有効化］ボタンでマクロを有効にしてからファイルを保存すると、次に同じファイルを開いたときには、自動的にマクロが有効になります。

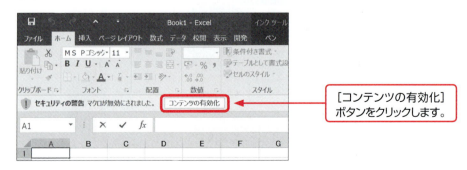

［コンテンツの有効化］ボタンをクリックします。

　「セキュリティの警告」のメッセージがでない場合には、次ページの手順でマクロの設定を変更します。

PART 1　Lesson 2 Excelのマクロを有効にする

手順1

Excelの[ファイル]タブから[オプション]をクリックします。

クリックする。

手順2

[Excelのオプション]ダイアログボックスの[セキュリティセンター]から[セキュリティセンターの設定]ボタンをクリックします。

クリックする。

クリックする。

手順3

[セキュリティセンター]ダイアログボックスの[メッセージバー]から[ActiveXコントロールやマクロなどのアクティブコンテンツがブロックされた場合、すべてのアプリケーションにメッセージバーを表示する]にチェックを付けます。

チェックする。

クリックする。

手順4

[セキュリティセンター] ダイアログボックスの [マクロの設定] をクリックして、[警告を表示してすべてのマクロを無効にする] にチェックを付けて [OK] ボタンをクリックします。

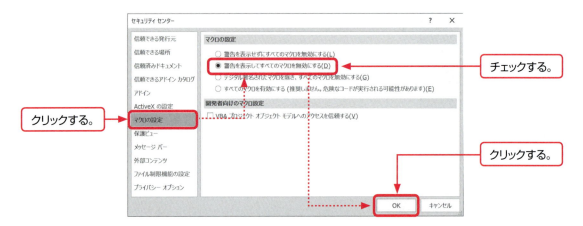

手順5

ファイルを開くときに「『セキュリティの警告』マクロが無効にされました。」のメッセージが表示されたら、[コンテンツの有効化] ボタンをクリックすると、マクロを有効にした状態でファイルを開くことができます。

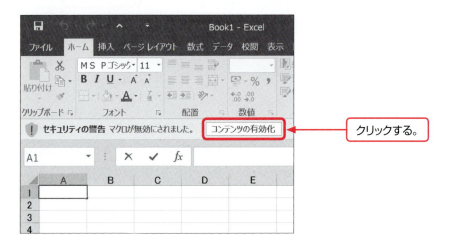

Excelは、一度マクロを有効にして開いたファイルは、記録していて、次にファイルを開くときには、「『セキュリティの警告』マクロが無効にされました。」のメッセージは、表示されません。

PART 1　Lesson 2　Excelのマクロを有効にする

ワンポイント▶▶ すべてのマクロを有効にする

　マクロを組み込んだExcelのファイルを開くときにマクロを有効にするには、［コンテンツの有効化］ボタンをクリックする必要があります。

　マクロを組み込んだExcelのファイルのマクロを常に有効にするには、［セキュリティセンター］の［マクロの設定］で［すべてのマクロを有効にする（推奨しません。危険なコードが実行される可能性があります）］にチェックを付けます。ただし、この方法は、マクロウィルスや悪意のあるマクロを組み込んだExcelのファイルを警告なしで開いてしまいますので十分に注意してください。

　Excelファイルのマクロをすべて有効にして作業をした後は、［マクロの設定］を［警告を表示してすべてのマクロを無効にする］に戻しておくことをおすすめします。

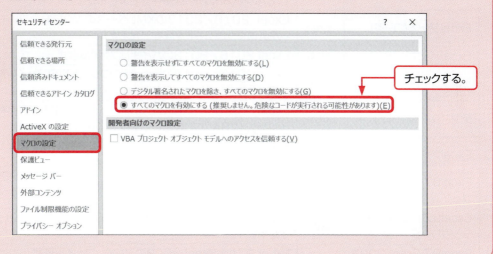

ワンポイント▶▶ ［Microsoft Officeの信頼できる場所］の設定

　［セキュリティの警告］メッセージは、マクロを組み込んだファイルを最初に開くときには、必ず表示されます。
　そこで［セキュリティの警告］メッセージの発生が煩雑な場合には、［信頼できる場所］の設定をすると、そのフォルダーにあるマクロを組み込んだファイルをすぐに開くことができます。

［セキュリティセンター］の［信頼できる場所］から、［新しい場所の追加］ボタンをクリックします。

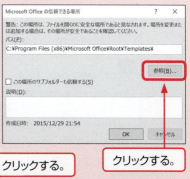

［Microsoft Officeの信頼できる場所］ダイアログボックスから［参照］ボタンでフォルダーを指定します。

Excelのファイル形式と拡張子

　Excel 2007から、ファイル形式が変更されています。そのため、Excel 2016／2013で作成したファイルはExcel 2003以前では開くことができません。しかし、Excel 2003以前で作成したファイルはExcel 2016／2013からは互換モードで開くことができます。

　なお、マイクロソフト社によるWindows XPとExcel 2003のサポートは、平成26年4月で終了しています。

ファイル形式	拡張子	ファイルの種類
Excelブック	.xlsx	Excel 2016／2013のXMLベースファイル形式（VBAのマクロコードは保存できません）
Excelブック（コード）	.xlsm	Excel 2016／2013のXMLベースのマクロ有効ファイル形式（VBAのマクロコードを保存できます）
Excelバイナリブック	.xlsb	Excel 2016／2013のバイナリファイル形式
テンプレート	.xltx	Excel 2016／2013のExcelテンプレート用のファイル形式（VBAのマクロコードは保存できません）
テンプレート(コード)	.xltm	Excel 2016／2013のExcelテンプレート用のマクロ有効ファイル形式（VBAのマクロコードを保存できます）
Excelアドイン	.xlam	Excel 2016／2013のXMLベースのマクロ有効アドインファイル形式（VBAプロジェクトをサポートします。）
Excel97-Excel 2003ブック	.xls	Excel 97からExcel 2003のバイナリファイル形式
Excel97-Excel 2003テンプレート	.xlt	Excelテンプレート用のExccl 97からExcel 2003のバイナリファイル形式
Excel97-Excel 2003アドイン	.xla	Excel 97からExcel 2003のアドインファイル形式（VBAプロジェクトをサポートします。）
XMLスプレッドシート	.xml	XMLスプレッドシートのExcel 2003ファイル形式
XMLデータ	.xml	XMLデータ形式

　マクロとVBAのコードを組み込んだファイルは、すべてxlsmファイル形式となります。そのため、Excel 2016／2013では、マクロを組み込んだファイルは、xlsmファイル形式で保存することが必要です。

　Excel 2016／2013では、マクロを新規に作成したファイルをxlsxファイル形式で保存しようとするとExcelから下記のメッセージが出ます。

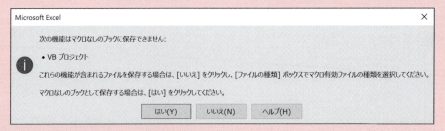

　[はい]ボタンをクリックして、xlsxファイル形式で保存すると、せっかく作成したマクロとVBAのコードがすべて削除されてしまいます。

　マクロやVBAのコードを保存するには、[いいえ]ボタンをクリックします。[ファイルの種類]を「Excelマクロ有効ブック(*.xlsm)」に変更して、xlsmファイル形式で保存します。

PART 1　Lesson 3 VBEを起動する

VBEを起動する

学習のポイント
- **Excel**でリボンに [開発] タブを表示する方法について学びます。
- [開発] タブから**VBE**を起動する方法について学びます。
- [開発] タブのリボンにあるボタンについて学びます。

1 ▶▶ Excelで [開発] タブを表示する

　Excelは、インストールされた最初の状態では、リボンに [開発] タブは表示されていません。

　マクロとVBAを利用するには、リボンに [開発] タブを表示して、VBE（Visual Basic Editor）を利用できるようにする必要があります。

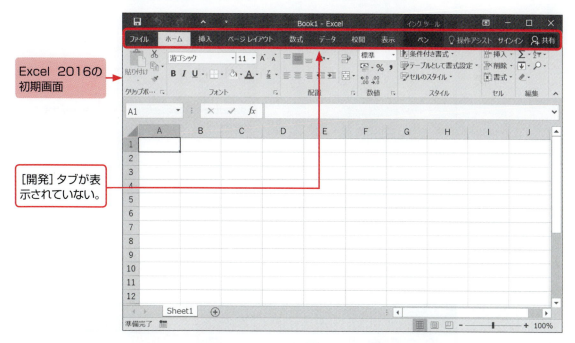

Excel 2016の初期画面

[開発] タブが表示されていない。

　次ページの操作手順でリボンに [開発] タブを表示します。

手順1

Excelのリボンの［ファイル］タブから［オプション］をクリックします。

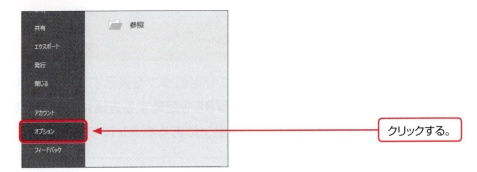

手順2

［Excelのオプション］ダイアログボックスの［リボンのユーザー設定］から、［リボンのユーザー設定］項目の［開発］にチェックを付けて［OK］ボタンをクリックします。

手順3

リボンに［開発］タブが表示されてVBEとVBAの開発関係のツールが利用できるようになります。

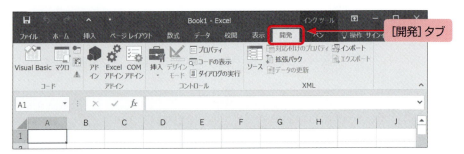

2 ▶▶ VBEを起動する

自動記録したマクロのコードの確認やVBAのコードの追加と編集を行うためには、VBE（Visual Basic Editor）を起動する必要があります。

VBEは、次の手順で起動します。

手順1

リボンの［開発］タブから［Visual Basic］ボタンをクリックします。

手順2

VBEが起動して、Excelのワークブックとワークシートのプロジェクトとプロパティが表示されます。

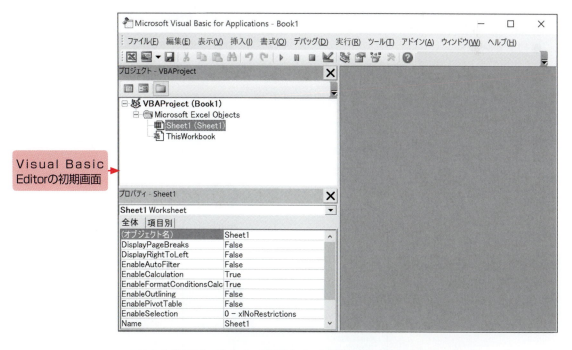

VBEを終了するときは、画面右上の［閉じる］ボタンをクリックするか、［ファイル］メニューから［終了してMicrosoft Excelへ戻る］をクリックします。

 **[開発]タブのボタンの機能**

[開発]タブには、次のようなボタンがあります。それぞれの機能を覚えておくとマクロの開発が、よりスムーズに行えます。

★ [コード] グループ

● [Visual Basic] ボタン
VBE（Visual Basic Editor）を起動して、VBAのコードの追加と編集をします。

● [マクロ] ボタン
[マクロ] ダイアログボックスのマクロの一覧から、マクロの実行と編集、作成、削除をします。

● [マクロの記録] ボタン
ユーザーのワークシートへの操作を、マクロとして自動記録します。

● [相対参照で記録] ボタン
[マクロの記録] で相対参照を指定します。

● [マクロのセキュリティ] ボタン
[セキュリティセンター] から [マクロの設定] を変更します。

★ [アドイン] グループ

● [アドイン] ボタン
Officeストアからアドインの追加や、管理、起動を行います。

● [Excelアドイン] ボタン
Excelに組み込まれているアドインソフトを起動します。

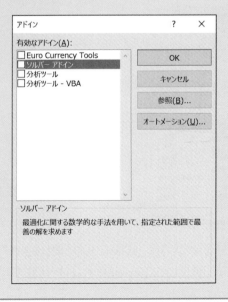

● [COMアドイン] ボタン
Excelファイルに組み込まれているCOMアドインソフトを起動します。

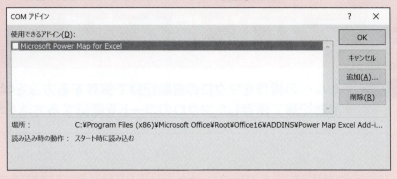

★ [コントロール] グループ

● [挿入] ボタン
ワークシートにフォームコントロール、またはActiveXコントロールを挿入します。

● [デザインモード] ボタン
デザインモードのオンとオフを切り替えます。デザインモードをオンにすると、ワークシートに貼り付けたコマンドボタンなどActiveXコントロールのコードの表示や書式設定の変更ができます。

● [プロパティ] ボタン
選択しているワークシートのプロパティを表示します。

● [コードの表示] ボタン
選択しているワークシートに組み込まれているVBAのコードを編集します。

● [ダイアログの実行] ボタン
ユーザーが設定したダイアログボックスを実行します。

★ [XML] グループ

● [ソース] ボタン
XMLソースを表示します。

● [拡張パック] ボタン
利用可能なXML拡張パックを表示します。

● [インポート] ボタン
XMLファイルをインポートします。

Lesson 4 操作を自動記録してマクロに保存する

学習のポイント
- セルへの操作をマクロの自動記録で保存する方法を学びます。
- 自動記録で保存したマクロのコードを確認する方法を学びます。

　Excelには、セルとワークシートへの操作を自動記録してマクロを作成する「マクロの記録」機能があります。

　「マクロの記録」で作成されたVBAのコードは、Excelにより標準モジュールに保存されますので、いつでもコードの内容を確認することができます。

01 セルのデータの消去をマクロの自動記録で保存する

B2セルの文字データを消去する操作をマクロの自動記録で保存します。

完成例

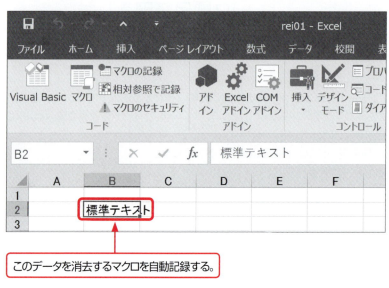

このデータを消去するマクロを自動記録する。

マクロの記録の開始後にセルのデータを消去する。

ファイル名 rei01

PART 1 Lesson 4 操作を自動記録してマクロに保存する

1 ▶▶ マクロを自動記録する

手順1

リボンの[開発]タブから[マクロの記録]ボタンをクリックします。

手順2

[マクロの記録]ダイアログボックスが表示されますので、[OK]ボタンをクリックします。

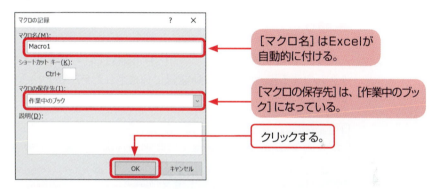

手順3

アクティブセルをA1セルからB2セルに移動して、B2セルのデータをキーボードの Delete キーを押して消去します。

手順4

リボンの[開発]タブから[記録終了]ボタンをクリックします。

2 ▶▶ 自動記録で保存したマクロのコードを確認する

自動記録したマクロは、Excelが標準モジュールを作成してからVBAのコードとして保存されます。自動記録した標準モジュールのVBAのコードは、VBEを起動して確認することができます。

手順1

リボンの［開発］タブから［Visual Basic］ボタンをクリックします。

クリックする。

手順2

プロジェクトエクスプローラーの［VBAProject］から［標準モジュール］の［Module1］をクリックすると、マクロの自動記録で作成されたVBAのコードの内容を確認することができます。

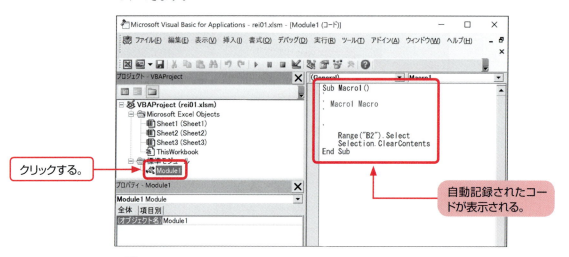

クリックする。

自動記録されたコードが表示される。

ワンポイント ▶▶ 「プロシージャ」と「モジュール」

「プロシージャ」とは、マクロのプログラムの実行単位のことです。
　マクロの自動記録では、自動記録を行うたびに「Sub」から「End Sub」のSubプロシージャが1つ作成されます。1つのSubプロシージャは1つのマクロに対応していて、マクロ名は重複することはできません。
　「モジュール」とは、マクロのVBAコードが記述される場所のことです。
　マクロの自動記録では、標準モジュールにSubプロシージャを作成します。1つのモジュールには、複数のプロシージャを組み込むことができます。

3 ▶▶ マクロの自動記録の「絶対参照」と「相対参照」

マクロの自動記録には、ユーザーの操作をセルの「絶対参照」と「相対参照」で記録する2つの方法があります。

「相対参照」とは、数式をコピーしたときにコピー先で行番号と列番号が変化する参照方法です。

これに対して「マクロの記録」による「絶対参照」では、数式をコピーしてもコピー先で行番号と列番号は、変化しません。

「相対参照」でユーザーの操作を記録するには、リボンの［開発］タブで［相対参照で記録］ボタンをクリックしてからマクロの記録を開始します。

「例題01」を［相対参照で記録］による［マクロの記録］で作成したVBAのコードは次のようになります。

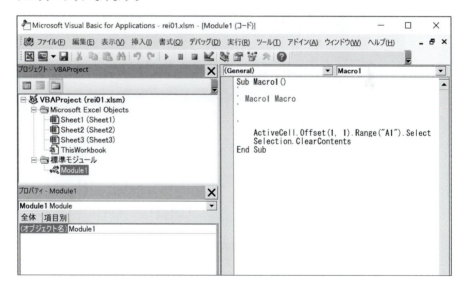

「相対参照で記録」と「絶対参照での記録」では、自動記録したマクロを実行したときの操作が違ってきます。

この例題では、「相対参照」で記録したマクロは、アクティブセルの右下のセルの値を消去しますが、「絶対参照」で記録したマクロは、必ずB2セルの値を消去することになります。

操作するセルが決まっている場合は、［相対参照で記録］を利用しないで絶対参照でマクロの自動記録をする必要があります。

やってみよう！1 ▶▶ データの消去を自動記録する

　数式と関数が入力された見積書ワークシートがあります。この見積書のデータ部分のセルを消去する操作を、マクロの自動記録で保存します。
　複数のセルを消去するには、データ部分のセルを順番に消去する操作と、データ部分のセルをすべて選択しておいて消去する操作があります。ここでは、両方の操作を、マクロで記録します。

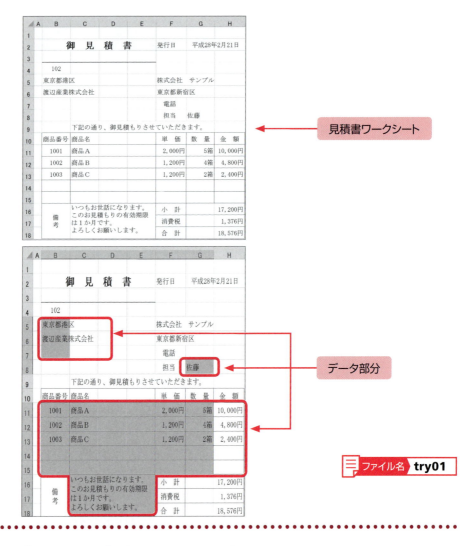

ファイル名 **try01**

ヒント

- ● [開発] タブから [マクロの記録] ボタンをクリックします。
- ● データ入力部分のセルは、Ctrl キーを押しながらクリックすると、連続して選択できます。
- ● Excelのマクロの自動記録では、Macro1とMacro2のモジュールが作成されます。

PART 1　Lesson 5 自動記録したマクロを実行する

自動記録したマクロを実行する

学習のポイント
- 自動記録で保存したマクロを呼び出して実行する方法を学びます。
- 自動記録で保存したマクロのコードを編集する方法を学びます。

　Excelが「マクロの記録」で自動記録したマクロは、いつでも呼び出してセルとワークシートへ同じ操作を実行することができます。
　この自動記録したマクロのコードは、VBEで編集してセルとワークシートへの操作を変更することができます。

 自動記録したマクロを呼び出してセルのデータを消去する

　自動記録で保存したマクロを呼び出して、B2セルのデータを消去する操作を実行します。

完成例

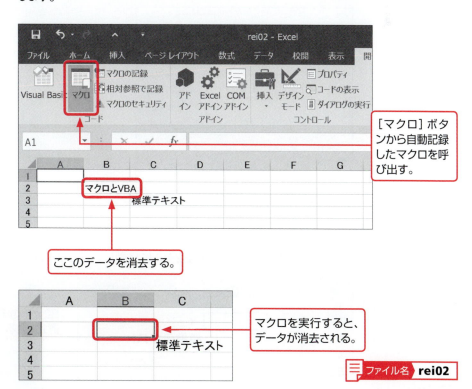

［マクロ］ボタンから自動記録したマクロを呼び出す。

ここのデータを消去する。

マクロを実行すると、データが消去される。

ファイル名　**rei02**

31

1 ▶▶ マクロを呼び出して実行する

　自動記録したマクロを呼び出すには、[開発]タブの[マクロ]ボタンをクリックします。すると[マクロ]ダイアログボックスが表示されますので、記録されたマクロを選択して、[実行]ボタンをクリックします。

　次の手順に従って操作をしてください。

手順1

　リボンの[開発]タブから[マクロ]ボタンをクリックします。

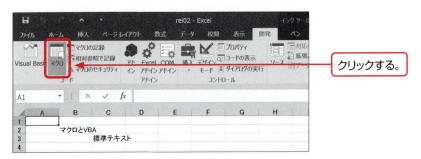

手順2

　[マクロ]ダイアログボックスから、[Macro1]を選択して[実行]ボタンをクリックします。

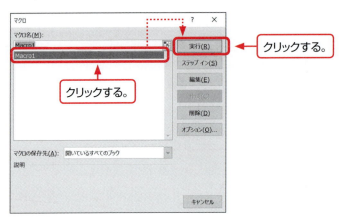

手順3

　アクティブセルがA1セルからB2セルに移動して、B2セルのデータが消去されます。

2 ▶▶ 自動記録したマクロのVBAコードを編集する

　自動記録したマクロのコードを編集するには、［開発］タブの［マクロ］ボタンをクリックして［マクロ］ダイアログボックスを表示します。
　表示されたマクロを選択して、［編集］ボタンをクリックすると、VBEが起動して、Module1に記録されたコードが表示されます。
　ここでは、VBAコードの消去するデータの文字を「B2」から「C3」に変更します。
　コードの編集がすんだら、［マクロ］ダイアログボックスの［実行］ボタンをクリックして確認してください。マクロのMacro1を実行すると、C3セルのデータが消去されます。
　次の手順に従って操作をしてください。

手順1

　［マクロ］ダイアログボックスから、［Macro1］を選択して［編集］ボタンをクリックします。

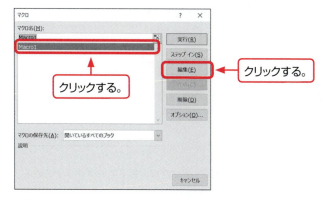

手順2

　コードウィンドウに［VBAProject］の［標準モジュール］の［Module1］が表示されます。

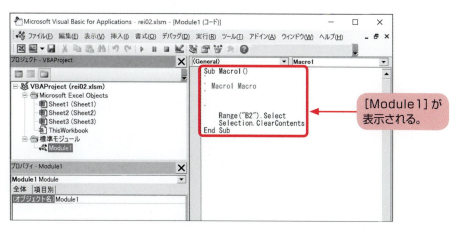

次の「Sub」から「End Sub」のコードが、Excelのマクロの自動記録により作成されたSubプロシージャです。

```
Sub Macro1()                    マクロ名　マクロの開始行
'
' Macro1 Macro                  'が付いた行はコメント
'
'
    Range("B2").Select          コード1行目　ワークシートのB2セルを選択する
    Selection.ClearContents     コード2行目　選択したセルの値を消去する
End Sub                         マクロの終了行
```

手順3

Subプロシージャの「Range("B2").Select」の部分を「Range("C3").Select」に変更します。

手順4

プロシージャの変更後に、[マクロ]ダイアログボックスから、[Macro1]を選択して[実行]ボタンをクリックします。

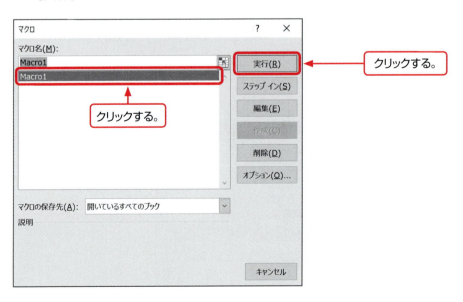

手順5

C3セルのデータが消去されます。

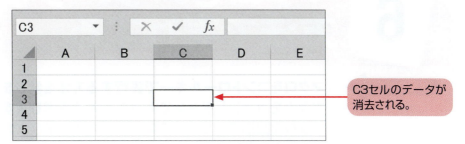

C3セルのデータが消去される。

ワンポイント▶▶ マクロで実行した操作は元に戻らない

マクロを実行したセルやワークシートへの操作は、Excelの[元に戻す]ボタンで実行前に戻すことはできません。Excelファイルをマクロの実行前に戻す場合は、ファイルを閉じるときにExcelからの[変更を保存しますか？]のメッセージで[保存しない]を選択します。

参考 VBE（Visual Basic Editor）の画面の名称

VBEのウィンドウは、次のような要素で構成されています。

Lesson 6 マクロをいろいろな方法で実行する

学習のポイント
- マクロをコントロールキーで実行する方法を学びます。
- マクロをコマンドボタンで実行する方法を学びます。
- マクロを図形のクリックで実行する方法を学びます。
- マクロをリボンで実行する方法を学びます。
- マクロをクイックアクセスツールバーで実行する方法を学びます。

　自動記録したマクロは、リボンの[開発]タブの[マクロ]ボタンから実行することができます。しかし、日常の操作では、毎回[マクロ]ボタンをクリックするのは大変です。そのため、よく利用するマクロは、コントロールキーやコマンドボタン、図形に割り当てて、キー操作やボタン、図形のクリックからすぐに実行することができるように設定しておくと便利です。

　Excelでは、マクロをリボンやクイックアクセスツールバーに追加することもできますので、そのマクロの用途によって実行する方法を選択することができます。

1 ▸▸ マクロをコントロールキーで実行する

　Excelのマクロの自動記録で作成したマクロをコントロールキーに割り当てます。マクロは、コントロールキーを押すだけで、より簡単に実行することができます。
　次の手順に従って操作してください。

手順1

リボンの[開発]タブから[マクロの記録]ボタンをクリックします。

クリックする。

手順2

［マクロの記録］ダイアログボックスの［ショートカットキー］の項目に、Ctrl＋「j」と入力します。次に［説明］の項目に、「B2のセルの値を消去します。」と入力して［OK］ボタンをクリックします。

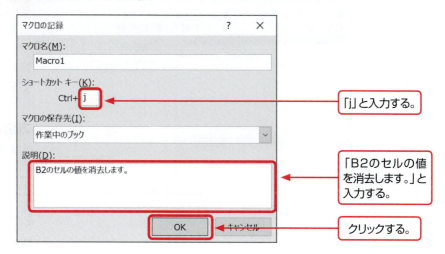

手順3

「例題01」の操作をしてから［記録終了］ボタンをクリックして、マクロの記録を終了します。

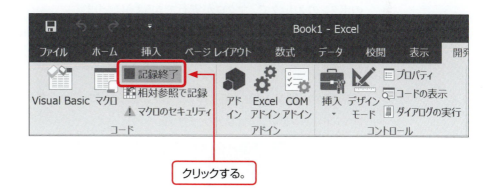

ワンポイント▶▶ コントロールキーの重複に注意

コントロールキーには、すでにWindowsとExcelの様々な機能がショートカットキーとして割り当てられているので、このショートカットキーとは重複しないようにマクロの設定をすることになります。
Ctrl＋［c］のコピー、Ctrl＋［x］の切り取り、Ctrl＋［v］の貼り付けは、よく利用するショートカットキーです。またCtrl＋［a］は、ワークシート全体を選択するショートカットキーです。
Ctrl＋［j］やCtrl＋［m］は、WindowsとExcelのショートカットキーと重複しないので、マクロを設定することができます。

手順4

リボンの［開発］タブから［Visual Basic］ボタンをクリックして、［Module1］を表示します。

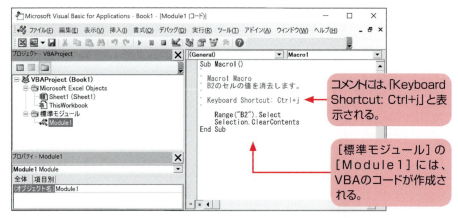

コメントには、「Keyboard Shortcut: Ctrl+j」と表示される。

［標準モジュール］の［Module1］には、VBAのコードが作成される。

これで、 Ctrl キー＋「j」キーの操作で、B2セルの値を消去するマクロが実行できるようになります。

2 ▶▶ マクロをコマンドボタンで実行する

Excelで自動記録したマクロをコマンドボタンで実行するには、まずワークシートにコマンドボタンを挿入します。挿入したコマンドボタンに、マクロを割り当てると、そのボタンのクリックで、マクロが実行できるようになります。

ここでは［フォームコントロール］のコマンドボタンをワークシートに貼り付けます。

手順1

リボンの［開発］タブから［挿入］ボタンをクリックして ［フォームコントロール］のコマンドボタンをダブルクリックします。

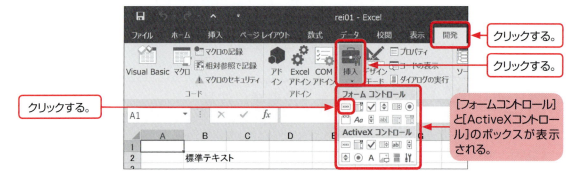

クリックする。

クリックする。

クリックする。

［フォームコントロール］と［ActiveXコントロール］のボックスが表示される。

手順2

マウスカーソルが［+］（フィルハンドル）になるので、コマンドボタンを挿入するセルの範囲を選択します。

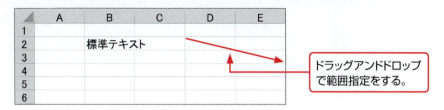

ドラッグアンドドロップで範囲指定をする。

手順3

［マクロの登録］ダイアログボックスのマクロのリストから［Macro1］を選択します。

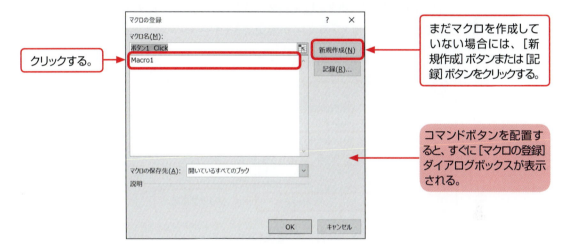

クリックする。

まだマクロを作成していない場合には、［新規作成］ボタンまたは［記録］ボタンをクリックする。

コマンドボタンを配置すると、すぐに［マクロの登録］ダイアログボックスが表示される。

手順4

［マクロ名］が［ボタン1-Click］から［Macro1］になり、コマンドボタンに実行するマクロが設定されます。

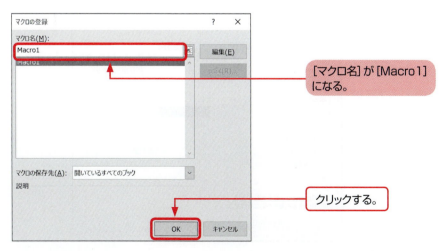

［マクロ名］が［Macro1］になる。

クリックする。

手順5

ワークシートに［ボタン1］が挿入されます。

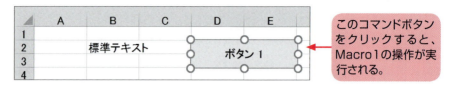

●コマンドボタンの文字と書式の変更

ワークシートに挿入された［ボタン1］の表示は、Excelが自動的に付けたものです。このコマンドボタンの表示の文字と書式は、次の方法でユーザーが自由に変更することができます。

コマンドボタンの［ボタン1］を右クリックし、メニューから［テキストの編集］をクリックすると、コマンドボタンの文字が変更できます。

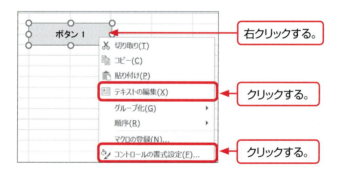

また、コマンドボタンの書式の変更には、メニューの［コントロールの書式設定］をクリックします。表示された［コントロールの書式設定］ダイアログボックスから、コマンドボタンの文字のフォントや配置とサイズなどの変更ができます。

PART 1　Lesson 6　マクロをいろいろな方法で実行する

ワンポイント▶▶ フォームコントロールとActiveXコントロール

　[フォームコントロール]と[ActiveXコントロール]には、「コマンドボタン」の他にも「リストボックス」、「オプションボタン」、「チェックボックス」などの入力用のツールが準備されています。
　[フォームコントロール]は、[マクロの登録]ダイアログボックスから実行するマクロを選択するため、実行するマクロは標準モジュールに記述されます。さらに、[コントロールの書式設定]からは[フォント][配置][サイズ]などの設定をすることができます。
　これに対して[ActiveX コントロール]から実行するマクロは、標準モジュールではなくてコントロールを貼り付けたワークシートなどのオブジェクトのモジュールに記述されます。[コントロールの書式設定]は、プロパティからより明細な設定をすることができます。
　どちらも同じ処理のマクロを実行するコマンドボタンを作成することができますが、マクロを記述する場所に違いがあります。
　この例では、[フォームコントロール]から部品を貼り付けましたが、[ActiveX コントロール]のほうが新しい仕様のため、プロパティからより詳細なコントロールの設定とイベント処理が可能です。

3 ▶▶ マクロを図形のクリックで実行する

　マクロは、図形のクリックから実行することもできます。例えば、マウスの図形にマクロを割り当てると、そのマウスの図形をクリックすることで、マクロの実行が簡単にできます。

手順1

　Excelのクリップアートのマウスの図形をワークシートに挿入して、その図形の上で右クリックして表示されるメニューから[マクロの登録]をクリックします。マウスの画像は、オンライン画像で「マウス」などのキーワードで検索して使用してください。

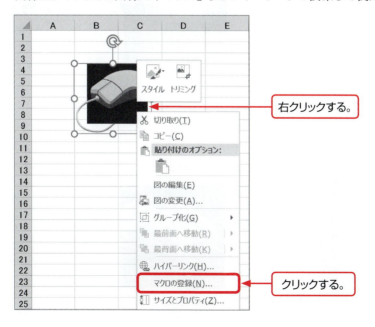

手順2

［マクロの登録］ダイアログボックスで図形のクリックにより実行されるマクロを選択して［OK］ボタンをクリックします。

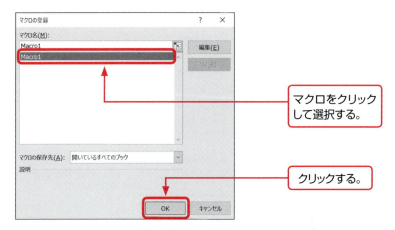

手順3

ワークシートのマウスの図形をクリックすると、図形に登録された［Macro1］が実行されて、ワークシートのB2セルの値が消去されます。

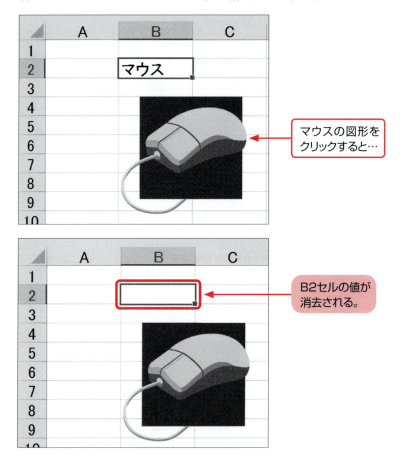

PART 1　Lesson 6 マクロをいろいろな方法で実行する

4 ▶▶ マクロをExcelのリボンで実行する

　Excelでは、リボンに新しいタブを追加したり、すでにあるタブに新しいグループを追加することができます。

　この機能を利用すると、作成したマクロをExcelのリボンの［開発］タブの新しいグループから実行することができます。

●［開発］タブに新しいグループを作成する

手順1

　Excelの［ファイル］タブから［ヘルプ］の［オプション］をクリックします。

手順2

　［Excelのオプション］ダイアログボックスから［リボンのユーザー設定］をクリックします。

手順3

リボンにマクロを登録するために、[リボンのユーザー設定]から[開発]タブを選択して、[新しいグループ]ボタンをクリックします。

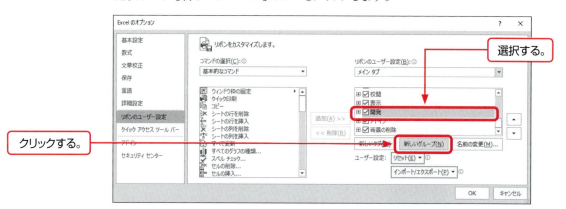

手順4

[開発]タブに「新しいグループ(ユーザー設定)」が追加されます。

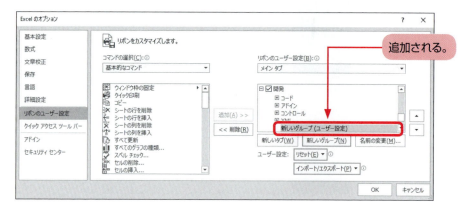

手順5

[コマンドの選択]のリストボックスから[マクロ]を選択してクリックします。

手順6

すでに作成されている[Macro1]が表示されますので、[追加]ボタンをクリックして[新しいグループ(ユーザー設定)]の下に[Macro1]を追加します。

手順7

Excelのリボンの[開発]タブに、[新しいグループ]が追加され、そのグループの中に[Macro1]ボタンが表示されます。

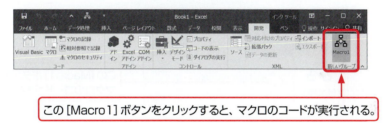

●新しいマクロ専用のタブを作成する

マクロは[開発]タブ以外の新しいタブにも貼り付けることができます。

ここでは、Excelのリボンに新しいマクロ用のタブとグループを作成してから、マクロを貼り付けます。

手順1

[リボンのユーザー設定]から[新しいタブ]ボタンをクリックします。

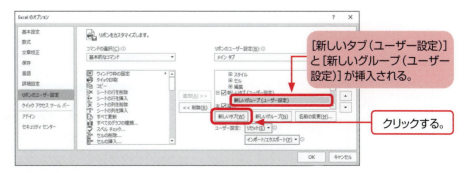

手順2

[コマンド選択] のリストから [マクロ] を選択します。さらに [Macro1] を選択してから、[追加] ボタンをクリックして、[新しいタブ (ユーザー設定)] の [新しいグループ (ユーザー設定)] の下に [Macro1] を追加します。

手順3

Excelのリボンに [新しいタブ] タブが追加され、その中の [新しいグループ] に [Macro1] ボタンが表示されます。

●名前とアイコンを変更する

「タブ」「グループ」「マクロ」の名前と「マクロ」のアイコンを変更するには、[名前の変更] ボタンを使用します。

手順1

すでに作成してある [新しいタブ (ユーザー設定)] を選択して、[名前の変更] ボタンをクリックします。

手順2

[名前の変更]ダイアログボックスの[表示名]に、タブの名前の[データ処理]を入力して、[OK]ボタンをクリックします。

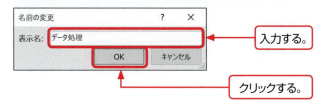

手順3

[新しいグループ(ユーザー設定)]を選択して、[名前の変更]ボタンをクリックします。

手順4

[名前の変更]ダイアログボックスから[新しいグループ(ユーザー設定)]の表示名を[データの消去]に変更して、[OK]ボタンをクリックします。

手順5

［Macro1］を選択して、［名前の変更］ボタンをクリックします。

クリックする。

手順6

［名前の変更］ダイアログボックスから「消しゴム」のアイコンを選択してから、［表示名］を［B2セルの消去］に変更して、［OK］ボタンをクリックします。

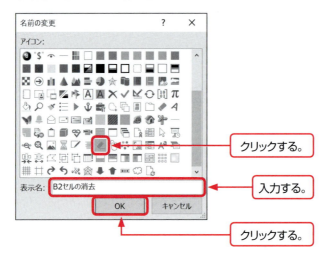

クリックする。
入力する。
クリックする。

手順7

「タブ」「グループ」「マクロ」の名前と「マクロ」のアイコンが変更されます。

アイコンが変更される。

5 ▶▶ マクロをExcelのクイックアクセスツールバーで実行する

　Excelでは、マクロをクイックアクセスツールバーに追加して、実行することができます。

　クイックアクセスツールバーは、Excelの操作中は常に表示されていますので、よく利用するマクロを追加しておくと便利になります。

手順1

　Excelの[ファイル]タブから[オプション]をクリックします。

クリックする。

手順2

　[Excelのオプション]ダイアログボックスから[クイックアクセスツールバー]をクリックします。

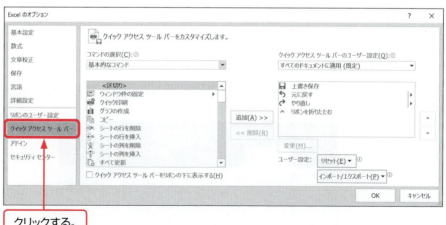

クリックする。

手順3

[コマンドの選択]のリストから[マクロ]を選択します。

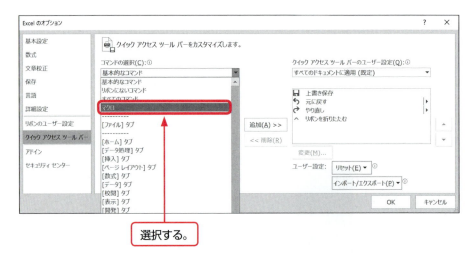

手順4

すでに作成されている[Macro1]が表示されたら、[追加]ボタンをクリックして[クイックアクセスツールバー]にMacro1を挿入します。

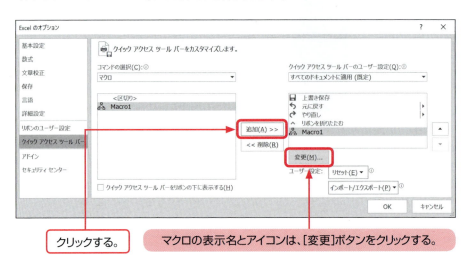

手順5

[クイックアクセスツールバー]にMacro1のボタンが表示されます。

PART 1　Lesson 6　マクロをいろいろな方法で実行する

●リボンとクイックアクセスツールバーのマクロの実行

　リボンとクイックアクセスツールバーに追加したマクロのボタンは、Excelを起動したときは常に表示されます。

　新しいマクロボタンをクリックすると、マクロが作成されたファイルを開いてセルやワークシートへの操作を実行します。

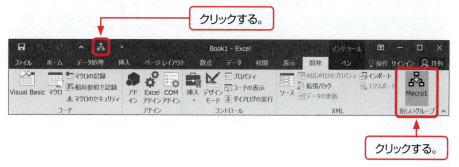

●リボンのマクロの削除

　リボンに追加したマクロを削除するには、[Excelのオプション]ダイアログボックスの[リボンのユーザー設定]から削除するマクロを選択して[削除]ボタンをクリックします。

●クイックアクセスツールバーのマクロの削除

　クイックアクセスツールバーに追加したマクロを削除するには、[Excelのオプション]ダイアログボックスの[クイックアクセスツールバー]から削除するマクロを選択して[削除]ボタンをクリックします。

やってみよう！ 2 ▶▶ マクロをコマンドボタンで実行する

① 「やってみよう！ 1」で作成した見積書ワークシートのデータを消去するマクロを、ワークシートに挿入したコマンドボタンの［ボタン1］で実行します。
② コマンドボタンの文字の書式を太字に変更します。
③ コマンドボタンの［ボタン1］の文字を、［データの消去］に変更します。

	A	B	C	D	E	F	G	H	I	J	K
1											
2		御　見　積　書				発行日	平成28年2月21日				
3										データの消去	
4		102									
5		東京都港区				株式会社　サンプル					
6		渡辺産業株式会社				東京都新宿区					
7						電話					
8						担当　　佐藤					
9			下記の通り、御見積もりさせていただきます。								
10		商品番号	商品名			単　価	数　量	金　額			
11		1001	商品A			2,000円	5箱	10,000円			
12		1002	商品B			1,200円	4箱	4,800円			
13		1003	商品C			1,200円	2箱	2,400円			
14											
15											
16		備考	いつもお世話になります。このお見積もりの有効期限は1か月です。よろしくお願いします。			小　計		17,200円			
17						消費税		1,376円			
18						合　計		18,576円			

ファイル名 **try02**

- ［ボタン1］を右クリックして、メニューから［マクロの登録］をクリックします。
- ［ボタン1］を右クリックして、メニューから［コントロールの書式設定］をクリックします。
- ［ボタン1］を右クリックして、メニューから［テキストの編集］をクリックします。

PART 1　Lesson 7 VBEでマクロの編集と削除をする

VBEでマクロの編集と削除をする

学習のポイント
- マクロの名前を変更する方法を学びます。
- マクロを削除する方法を学びます。
- 自動記録したマクロについて学びます。

　Excelが自動記録したマクロは、Macro1から順番に名前が付けられます。しかし、この名前からでは、すぐに何を実行するマクロか判断がつきません。そのためセルやワークシートへの操作に合わせてマクロに名前を付けることが必要になります。

　例えば、見積書のワークシートを操作するマクロでは、マクロに「データの消去」「シートの印刷」などの名前を付けるとマクロのコードの修正が容易になります。

　また、不要になったマクロのコードは削除することができます。マクロの削除には、標準モジュールをすべて削除する方法と、マクロの名前を指定して個別に削除する方法があります。

1 ▶▶ マクロの名前を変更する

手順1

　リボンの[開発]タブから[Visual Basic]をクリックしてVBEを起動します。次に[VBAProject]から[標準モジュール]の[Module1]を選択します。

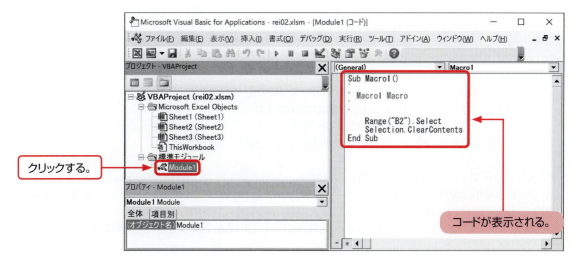

手順2

「Sub Macro1()」のマクロ名を「Sub データの消去()」に書き換えます。

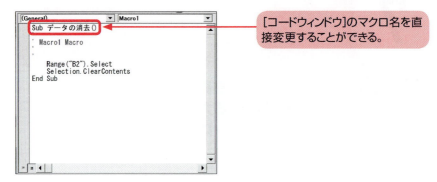

[コードウィンドウ]のマクロ名を直接変更することができる。

手順3

リボンの[開発]タブから[マクロ]をクリックすると、[マクロ]ダイアログボックスでは、マクロ名が「Macro1」から[データの消去]に変更されています。

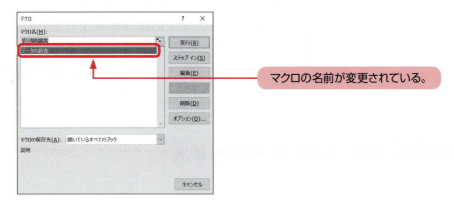

マクロの名前が変更されている。

ワンポイント▶▶ マクロの名前について

　マクロとVBAの「モジュール」「ユーザーフォーム」「プロシージャ」「定数」「変数」および「引数」の名前はユーザーが自由に設定することができます。ただし、VBAのモジュール内で、「プロシージャ」「定数」「変数」「引数」に名前を付ける場合には次の規則があります。

（1）名前の先頭は文字でなければなりません。
（2）名前にスペース、ピリオド(.) 感嘆符(!) ＠ ＆ ＄ ＃ などの文字を使うことはできません。
（3）名前は半角の場合255 文字以内でなければなりません。
（4）VBAの関数やステートメントおよびメソッドと同じ名前を使うことはできません。
（5）同じレベルの適用範囲内で、同じ名前を使用することはできません。

　「プロシージャ」「定数」「変数」の名前は、英語と日本語のどちらの表記をしても利用することができますが、VBAのコードを読みやすくするためには、なるべく「プロシージャ」「定数」「変数」の機能を表現する名前を付けことをおすすめします。例えば、消費税を自動計算する「プロシージャ」には、「Sub Syohizei()」や「Function 消費税()」などの名前を付けておくと便利です。

2 ▶▶ マクロを削除する

●標準モジュールを削除する

標準モジュールを削除すると、その中にあるすべてのマクロのコードが削除されます。

手順1

VBEのプロジェクトエクスプローラーから削除するVBAProjectの標準モジュールを選択してから［ファイル］をクリックします。表示されたメニューから［Module1の解放］をクリックします。

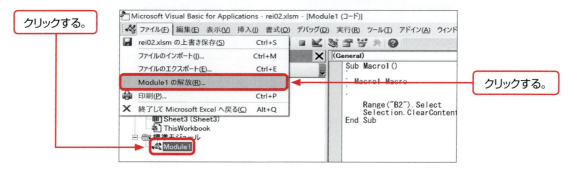

手順2

「削除する前にModule1をエクスポートしますか?」のメッセージが表示さますので、標準モジュールを完全に削除する場合は［いいえ］ボタンをクリックします。

手順3

標準モジュールが削除されて、プロジェクトエクスプローラーのVBAProjectは、Microsoft Excel Objectsだけになります。

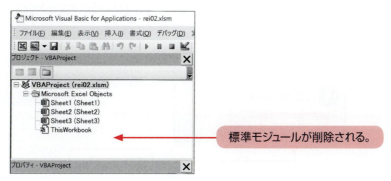

●マクロの名前を指定して削除する

複数のマクロが登録されている場合は、プロシージャ（SubからEnd Subの1つのマクロのコード部分）をマクロ名を指定して削除することができます。

手順1

リボンの［開発］タブから［マクロ］ボタンをクリックします。

手順2

［マクロ］ダイアログボックスで削除する［マクロ名］を選択して［削除］ボタンをクリックします。

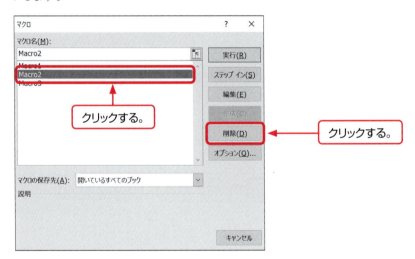

手順3

確認メッセージが表示されますので、［はい］ボタンをクリックするとマクロが削除されます。

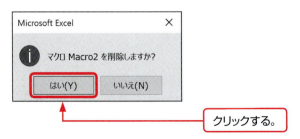

3 ▶▶ 自動記録したマクロについて

　Excelのマクロの自動記録は、セルとワークシートへの操作がVBAのコードとして標準モジュールに自動生成されて、何度でも実行できるという大変に便利な機能です。

　しかし、自動記録したマクロのVBAのコードは、セルとワークシートへのマウスとキーボードの操作をそのまま記録しているだけなので、セルとワークシートへの複雑な操作やファイル処理をすることができません。

　セルとワークシートへの複雑な操作やファイル処理、さらにExcelで、業務用のシステムを作成するには、マクロの自動記録で生成したコードを編集するか、ユーザーがVBAのコードを最初から作成する必要があります。

●マクロのコードは不要な部分まで記録される

　自動記録したマクロのコードは、不要な部分まで記述されるためにコードが長くなり、わかりにくくなる場合があります。

●変数・配列やVBA関数が利用できない

　変数や配列の宣言ができないため、ワークシートのセルのデータをコードの中で利用することができません。また、VBAのプログラムのために準備されているVBA関数を使用することができません。

●If文などのステートメントが利用できない

　If文やFor文などのステートメントが使用できないため、指定した条件による分岐処理や繰り返し処理をすることができません。

●ユーザーフォームが作成できない

　VBAではデータの入力や検索に便利なユーザーフォームを作成することができますが、マクロの自動記録からは、このユーザーフォームを作成することができません。

●すべてのファイル処理には対応していない

　マクロの自動記録は、特定のファイルを、ファイル名を指定して開いたり、閉じたりする処理を記録することはできますが、［ファイルを開く］ダイアログボックスなどからファイル名をユーザーに選択させるファイル処理には対応していません。

Lesson 8 オブジェクトとプロパティ、メソッド、イベントとは

学習のポイント
- オブジェクトとは何かについて学びます。
- オブジェクトのプロパティとは何かについて学びます。
- オブジェクトのイベントとメソッドとは何かについて学びます。

　これからのLessonで、VBAのコードを説明するには、オブジェクトとプロパティ、メソッド、イベントなどの用語が使用されます。VBAのプログラムではプロパティ、メソッド、イベントの使用方法の理解が必要になりますが、この本では例題と演習問題（やってみよう）を学習しているうちに自然に身に付けることができます。

　このLessonでは、とりあえず、オブジェクトとは、Excelのワークシート、セル、グラフなどVBAから操作の対象となるもの、プロパティとは、オブジェクトごとに設定されている属性の情報、メソッドとは、オブジェクトごとの動作のことだと理解しておいてください。

●オブジェクト

　「オブジェクト」とは、Excelのブック、ワークシート、セル、グラフ、フォーム、レポートなどVBAから操作の対象となるものです。

　Excelのオブジェクトは、最上位であるApplicationオブジェクトから階層構造になっています。ひとつのオブジェクトのブックは複数のオブジェクトのワークシートを持ちます。さらに、ひとつのオブジェクトのワークシートは複数のオブジェクトのセルを持ちます。

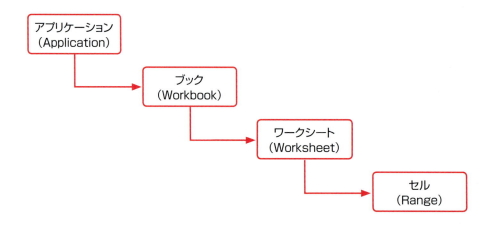

●コレクション

　同一の種類または異なる種類の複数のオブジェクトの集まりを「コレクション」といいます。Workbookオブジェクトの集まりは、Workbooksコレクションに、Worksheetオブジェクトの集まりは、Worksheetsコレクションになります。コレクションには、「s」が付いて複数であることを表示します。

　VBAからオブジェクトのメソッドを使用する場合や、プロパティの値を変更する場合は、対象となるオブジェクトを識別する必要があります。

例：ワークシートのセルに数値を代入

```
Workbooks("Book1").Sheets("Sheet1").Range("A1").value = 1000
```
　　　　└─── コレクション ───┘

●プロパティ

　「プロパティ」とは、セルのサイズ、色、表示位置などの書式の設定と編集の可否、ワークシートの表示と非表示などを定義したオブジェクトの属性情報のことです。

　プロパティの種類は、オブジェクトによって値の取得と属性の設定があります。オブジェクトによりプロパティの値の取得および属性の設定が共に可能であるか、値の取得のみ可能であるか、または属性の設定のみ可能であるかの違いがあります。

　オブジェクトの値や属性を変更するには、そのプロパティ値を変更します。プロパティの設定は次の順で記します。

オブジェクト　ピリオド　プロパティ名　等号 (=)　新しいプロパティ値

例：value プロパティは、セルに値を代入

```
Range("A1").value = 1000
```
　　　　　　└─ プロパティ

例：FontプロパティとSizeプロパティで、セルのフォントを変更

```
Range("A1").Font.Size = 14
```
　　　　　　　└─ プロパティ

例：Nameプロパティは、ワークシートのタイトルを変更

```
WorkSheets("Sheet1").Name = "New_Sheet"
```
　　　　　　　　└─ プロパティ

●メソッド

「メソッド」は、オブジェクトが行う動作のことです。メソッドにより、セルの値の選択や編集、ワークシートの選択や削除の処理をします。

オブジェクトに動作を与えるには、次の順で記述します。

オブジェクト　ピリオド　メソッド

例：ワークシートのセルを選択するActivateメソッド

```
Range("A1").Activate
              └── メソッド
```

例：ワークシートのセルまたはセル範囲を選択するSelectメソッド

```
Range("A1:B2").Select
                └── メソッド
```

例：ワークシートのセルまたはセル範囲の値を消去するClearContentsメソッド

```
Range("A1"). ClearContents
                  └── メソッド
```

●イベント

マウスのクリックや特定のキーを押すなどの、オブジェクトから認識される動作を「イベント」といいます。特定のイベントに対し、どのような処理を実行するかをコードに記述します。

例：ワークシートがアクティブになった時のイベント処理

```
Private Sub Worksheet_Activate()
    "実行する処理のコード"
                    └── イベント
End Sub
```

例：コマンドボタン（ActiveXコントロール）をクリックしたときのイベント処理

```
Private Sub CommandButton1_Click()
    "実行する処理のコード"
                    └── イベント
End Sub
```

PART 2

変数・配列と
ステートメント

▶▶ Lesson 1 　変数にワークシートの値を代入する

▶▶ Lesson 2 　配列にワークシートの値を代入する

▶▶ Lesson 3 　If~Thenステートメントで処理を分岐する

▶▶ Lesson 4 　Select~Caseステートメントで処理を選択する

▶▶ Lesson 5 　For~Nextステートメントで処理を繰り返す

▶▶ Lesson 6 　Do~Loopステートメントで処理を繰り返す

Lesson 1 変数にワークシートの値を代入する

学習のポイント
- 変数の宣言と有効範囲について学びます。
- 変数へデータを代入する方法について学びます。
- 変数のデータ型の種類について学びます。

変数とは、データを保存するための名前を付けた入れ物です。変数は、1つの名前で1つのデータを管理することができます。

1 ▶▶ 変数の宣言

VBAで変数を使用するには、モジュールのコードの中で変数を宣言して変数の有効範囲とデータ型を指定します。

①**変数を宣言するには、Dimステートメントを使います。**

```
Dim 変数名
```

②**変数にデータ型を指定するには、Asを使います。**

```
Dim 変数名 As データ型
```

③**変数に値を代入するには、＝（イコール）を使用します。**

```
変数名 = 値
```

 **複数の変数の宣言**

複数の変数を宣言する場合は、通常は次のようにそれぞれ宣言します。
Dim X As Integer
Dim Y As String

次のように1行で記述することもできます。
Dim X As Integer, Y As String

しかし、次のようにデータ型を省略して記述すると、変数Xはデータ型を指定しないバリアント型になります。
Dim X , Y As String

2 ▶▶ 変数の有効範囲（スコープ）

　変数の有効範囲（スコープ）とは、その変数が利用できるモジュールの範囲のことです。VBAの変数には、プロジェクト全体で利用されるPublic変数と、プロジェクトの一部分のみで利用されるPrivate変数があります。

　下図のようにPublicステートメントで宣言したパブリックモジュールレベルの変数Xは、プロジェクトのすべてのモジュールから使用できます。

　モジュールの宣言セクションで宣言したプライベートモジュールレベルの変数Yと変数Vは、そのモジュール内で使用できます。そのモジュール内のすべてのプロシージャで使用できますが、他のモジュールのプロシージャからは、使用できません。

　プロシージャ内で宣言したプロシージャレベルの変数Zと変数Wは、そのプロシージャ内でのみ使用できます。同じモジュール内の他のプロシージャからは、使用できません。

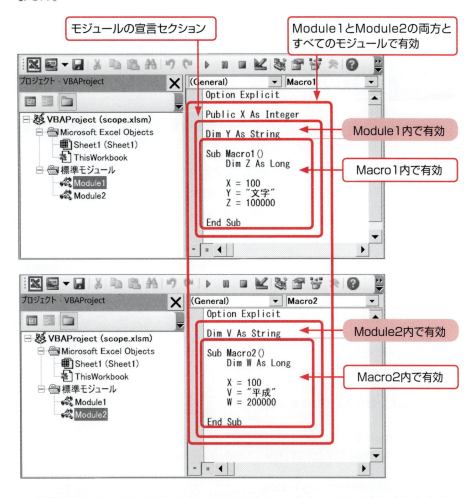

　変数はOption Explicitステートメントをしない場合、変数の宣言をしなくても、値を代入する ＝（イコール）だけで利用できるようになります。

プライベートモジュールレベルの変数は、DimのかわりにPrivate Y As Stringのように宣言することもできます。

★変数の宣言で使用するステートメント

Public ステートメント	Publicステートメントを使って、パブリックモジュールレベルの変数を宣言できます。このパブリック変数は、プロジェクト内のすべてのモジュールから使用できます。 例　Public X As String
Private ステートメント	Privateステートメントを使って、プライベートモジュールレベルの変数を宣言できます。このプライベート変数は、同じモジュール内の他のプロシージャから使用できます。Dimステートメントをモジュールレベルで使用するのと同じ有効範囲になります。 例　Private Y As Byte
Static ステートメント	Dimステートメントで宣言した変数は、プロシージャが終了するとクリアされますが、代わりにStaticステートメントを使用すると、宣言された変数（静的変数）はアプリケーションの実行中いつでも使用できます。 例　Static Z As Integer

3 ▶▶ 変数のデータ型

変数は、宣言でデータ型を指定できます。データ型とは、変数に格納できるデータの種類のことです。

変数のデータ型は、文字列、ブール、数値、日付、オブジェクトに分類されます。データ型を指定することにより管理することのできるデータの種類と形式が決まります。

変数は、データ型を指定しなかった場合は、自動的にバリアント型（Variant）になります。

定数とは

定数とは、数値や文字列に特定の名前を付けたものです。定数は、宣言で値を初期化しますが、この定数の値はコードで変更することができません。変数の値は、何度でも変更することができますが、定数の値は変更することができませんので、値を変える必要のないデータを定数として使用します。

定数の宣言は、Constステートメントを使用します。

Const 定数名 As 定数の形 = 値

例　Const 税率 As Double = 0.08
意味　消費税の税率を定数「税率」で8%（0.08）に固定します。

定数の有効範囲（スコープ）は変数と同じで、プロジェクト内のすべてのモジュールから使用するにはPublicステートメントを使用して宣言します。

★変数のデータ型と値の範囲

文字列型（String）	文字列を保存できる型
ブール型（Boolean）	真（True）または偽（False）を保存できる型
バイト型（Byte）	0から255の正の整数を保存できる型
整数型（Integer）	－32,768から32,767の整数を保存できる型
長整数型（Long）	－2,147,483,648から2,147,483,647の整数を保存できる型
通貨型（Currency）	－922,337,203,685,477.5808 ～ 922,337,203,685,477.5807 で保存できる型
単精度浮動小数点数型 (Single)	－3.402823E38 ～ －1.401298E－45（負の値）、1.401298E－45 ～ 3.402823E38（正の値）を保存できる型
倍精度浮動小数点数型 (Double)	－1.79769313486231E308 ～ －4.94065645841247E－324（負の値）、4.94065645841247E－324 ～ 1.79769313486232E308（正の値）を保存できる型
日付型（Date）	西暦100年1月1日から西暦9999年12月31日（日付と時刻）を保存できる型
オブジェクト型（Object）	オブジェクトへの参照を保存するデータ型
バリアント型（Variant）	あらゆる種類の値を保存する型
ユーザー定義型	ユーザーが定義した型

　変数のデータ型と値の範囲をすべて憶える必要はありませんが、数値の変数のデータ型はその最大値を考慮して宣言することが必要です。

　小さいデータに大きい入れ物（データ型）は必要ありませんが、大きいデータは小さい入れ物（データ型）には入りません。

　例えば、人間の年齢はバイト型（0から255の正の整数）で宣言すれば十分ですが、地球の年齢は倍精度浮動小数点数型（Double）での宣言が必要になります。

　このLessonでは、よく使用される文字列型（String）、整数型（Integer）、長整数型（Long）、日付型（Date）を例題と問題で使用しています。

バリアント型（Variant）について

　変数または配列を宣言するときにデータ型を指定しないと、バリアント型（Variant）が自動的に設定されます。

　バリアント型（Variant）として宣言した変数には、文字列、日付、時間、ブール値、または数値のすべてを格納することができます。

　そのため、宣言した変数についてデータ型が確定できない場合には、バリアント型（Variant）の変数を使用します。

　以前は、変数をバリアント型（Variant）で宣言した場合には、他のデータ型の変数よりも処理速度が遅くなると言われましたが、パソコンが高機能化した現在では、ほとんど関係がありません。

例題 03 ワークシートの数値を変数に代入する

ワークシートのB2セルの値を変数に代入してから、D2セルに代入するマクロを作成して、[ボタン1]のクリックで実行します。

完成例

ファイル名 **rei03**

コマンドボタン[ボタン1]をクリックすると、B2セルの値がD2セルに代入される。

次のコードを入力します。

*コードの右に記されたコメントは、各コードの説明ですので、入力の必要はありません。本書では、コメントをこのように記しています。

```
Option Explicit

Sub Macro1()
    Dim 整数 As Integer          変数の宣言　整数はInteger
    整数 = Range("B2").Value      変数の「整数」にB2セルの値を代入する
    Range("D2").Value = 整数      D2セルに変数の「整数」の値を代入する
End Sub
```

上記のコードは、ExcelのB2セルからD2セルへのコピーと同じ処理を実行します。しかし、VBAでは変数に対して特定の処理を追加することが可能です。

例えば、当初のデータに消費税の8%を乗じて計算するには、コードを以下のように編集します。

```
Sub Macro1()
    Dim 整数 As Integer
    整数 = Range("B2").Value
    整数 = 整数 * 1.08            変数「整数」に1.08を乗じて再び「整数」代入する
    Range("D2").Value = 整数
End Sub
```

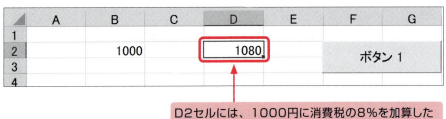

D2セルには、1000円に消費税の8%を加算した1080円が代入される。

やってみよう！3 ▶▶ 変数に代入した名前に敬称を付加する

　B2セルの文字列データに「様」を付けてD2セルに代入するマクロを作成して、［ボタン1］のクリックで実行します。

	A	B	C	D	E	F	G
1							
2		鈴木				ボタン1	
3							
4							

ファイル名 **try03**

●変数は、文字列型のStringで宣言します。
●文字列に他の文字列を付加する場合は ＆（アンパサンド）を使用します。
●コマンドボタンからのマクロの実行は、38ページを参考にします。

ワンポイント▶▶ 変数の名前の付け方

　VBAでは、変数の名前は、宣言したユーザーが自由に付けることができます。ただし、VBAのモジュール内で、変数に名前を付ける場合には、次の規則があります。

（1）変数名には、文字（英数字、漢字、ひらがな、カタカナ）とアンダスコア（_）を使うことができますが、スペースや記号は使えません。
（2）変数名の先頭の文字は、英字、漢字、ひらがな、カタカナのいずれかでなければなりません。
（3）変数名の長さは、半角で 255 文字以内でなければなりません。
（4）同一の適用範囲（スコープ）内で同じ変数名を複数使うことはできません。

　変数は、データ型により格納できるデータの形式が違いますので、このデータ型の違いがエラーの原因になることがあります。
　例えば、整数型(Integer)で宣言された変数に、32,767を超える整数や小数点以下の数値を代入することはできません。
　このため、変数をデータ型によって区別できるように、変数名の先頭（プリフィックス）にデータ型が明らかにわかるような文字列を付加する場合があります。

●文字列型（Stirng）の変数のXを宣言する例

　　Dim str_X As String

　変数名の先頭に「str_」を付けると、コードの途中でもこの変数のデータ型が文字列型だとすぐにわかります。

 ## Option Explicitステートメントの使い方

　VBAの変数は、Dimステートメントを使用せずに、代入ステートメントのイコール（=）を使用するだけで利用できます。この代入ステートメントで作成された変数は、すべてバリアント型（Variant）になります。
　変数に宣言を強制するには、モジュールの宣言セクションでOption Explicitステートメントを記述します。モジュールにOption Explicitステートメントが記述されると、宣言されていない変数や誤って記述された変数に対してエラーメッセージが発生します。
　VBAでは、オプションを設定すると新規モジュールに対してOption Explicitステートメントを自動的に追加することができます。

手順1

　VBEを起動して、メニューバーの［ツール］から［オプション］をクリックします。

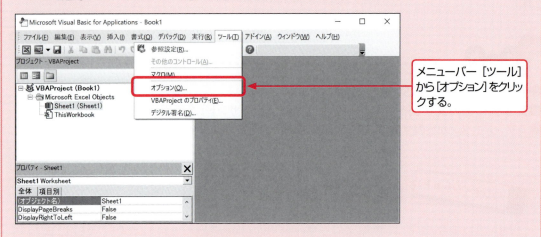

メニューバー［ツール］から［オプション］をクリックする。

手順2

　［オプション］ダイアログボックスが表示されますので、［編集］タブの［コードの設定］から［変数の宣言を強制する］にチェックを付けて、［OK］ボタンをクリックします。

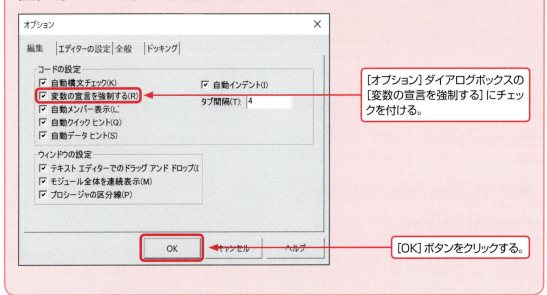

［オプション］ダイアログボックスの［変数の宣言を強制する］にチェックを付ける。

［OK］ボタンをクリックする。

このようにオプションを設定しておくと、新しい標準モジュールを挿入したときに、VBAにより自動的にOption Explicitステートメントが追加されます。

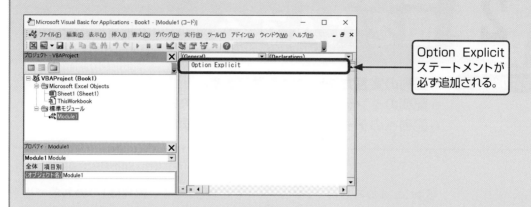

Option Explicitステートメントが必ず追加される。

　Option Explicitステートメントがないと、モジュールのコード内でDimステートメントにより宣言していない変数に数値や文字列を代入してもエラーになりません。この変数は、代入ステートメントで自動的に新しい変数が作成されたことになり、後で変数の代入誤りを発見するのが難しくなります。
　すべての変数をDimステートメントにより宣言すると、変数の代入ステートメントによるエラーやコードの入力ミスによるエラーは少なくなります。

●Option Explicitステートメントがないコード

```
Sub Macro1()
    Dim VBA As Integer        変数「VBA」を宣言する
    VAB = Range("A1").Value   変数名を「VAB」と間違えてもエラーにならない
End Sub
```

●Option Explicitステートメントがあるコード

```
Option Explicit

Sub Macro1()
    Dim VBA As Integer        変数「VBA」を宣言する
    VAB = Range("A1").Value   変数名を「VAB」と間違えるとエラーになる
End Sub
```

　Option Explicitステートメントが記述されていると、宣言していない変数を使用したために、VBAが次のようなエラーメッセージを出します。

配列にワークシートの値を代入する

学習のポイント
- 配列の宣言方法について学びます。
- 配列のインデックス番号について学びます。
- 配列へのデータの代入方法について学びます。

　変数は、1つの名前で1つのデータを管理しますが、配列は1つの名前で複数のデータを管理することができます。

　複数のデータを管理するには、変数はデータの数だけ宣言をする必要がありますが、配列は1回の宣言しか必要ありませんので、プログラムが簡単になります。

1 ▶▶ 配列の宣言

　配列は、1つの配列名を宣言して複数のデータを管理できます。

　この配列に格納できるデータ数の最大値は、配列で宣言されるインデックス番号で決まります。

① **配列を宣言するには、Dimステートメントを使います。**

Dim 配列名（インデックス番号）

② **配列にデータ型を指定するには、Asを使います。**

Dim 配列名（インデックス番号） As データ型

③ **配列に値を代入するには、＝（イコール）を使用します。**

Dim 配列名（インデックス番号） ＝ 値

　配列の各要素は、インデックス番号で指定します。

　インデックス番号は整数のため、次ページのようにFor～Nextステートメントからインデックス番号を利用して、配列の各要素にワークシートのデータを順番に代入することができます。

2 ▶▶ 配列のインデックス番号

VBAでは、配列のインデックス番号は、0から始まります。
次のコードをみてみましょう。

```
Dim 配列(5) As string
```

このコードでは、文字型の配列の要素数は、0から5の6となります。
モジュールの先頭にOption Baseステートメントで1を宣言すると、配列のインデックス番号の最小値を0から1に変更することができます。

```
Option Base 1
Dim 配列(12) As Currency
```

このコードでは、1から12の要素を持つ配列変数を宣言したことになります。

3 ▶▶ 配列の使い方

配列を宣言すると、同じデータ型の複数の値を管理できます。
変数は、1つの値を1つの領域に格納しますが、配列は多くの値を格納するために複数の領域を持つことができます。
ここでは、1年間の各自のデータを記録するために、12の要素を持つ配列を宣言します。
配列には、0から始まるインデックス番号が付けられます。そのため配列に指定するインデックスの最大値は12ではなく11となります。

```
Dim 配列(11) As Currency
Dim X As Integer
For X = 0 to 11
    配列 (X) = X + 1
Next
```

この例では、For～Nextステートメントで、配列に1から12の数値を代入します。

配列の有効範囲の設定

配列は、変数と同じようにPublic ステートメントまたはPrivate ステートメントやStatic ステートメントを使って宣言し、有効範囲を設定することができます。変数の有効範囲については、63ページを参照してください。

ワンポイント ▶▶ 動的配列と多次元配列の使い方

　動的配列とは、配列のインデックス番号をReDimステートメントにより変更できる配列のことです。
　売上帳や現金出納帳の作成では、マクロの実行前には、データの件数がわからないことがあります。しかし、静的配列では、最初にインデックス番号を記述するために、配列に代入できるデータ数が決まってしまいます。この場合は、最初に動的配列を宣言しておいて、データ件数を数えてから、ReDimステートメントで配列のインデックス番号を決定することになります。
　次の例では、Option Baseステートメントに1が設定されているものとします。

```
Dim 配列() As Integer      動的配列を宣言する
Dim X As Integer
ReDim 配列(12)             動的配列の要素数を12にする
For X = 1 to 12
    配列(X) = X            配列に1から12の数値を代入する
Next X
```

　ReDimステートメントは、配列のサイズを変更して配列のデータを消去します。

```
ReDim 配列(24)             動的配列の要素数を24に変更する
For X = 1 to 24
    配列(X) = X            配列に1から24の数値を代入する
Next X
```

　多次元配列を宣言すると、2次元の配列がExcelのワークシートの行と列と同じ構成になります。さらに3次元の配列では、ワークシートが複数あるワークブックのような構成になります。

```
Dim 配列(1 to 4, 1 to 2) As Single
```

　このように2次元の4×2の配列を宣言すると、下記のようなイメージでデータを管理することになります。

配列(1,1)	配列(1,2)
配列(2,1)	配列(2,2)
配列(3,1)	配列(3,2)
配列(4,1)	配列(4,2)

　多次元配列に値を代入するには、For～Nextステートメントを2重にして使用すると効率的です。

```
Dim 配列(1 to 4, 1 to 2) As Integer
Dim X As Integer
Dim Y As Integer
For X = 1 to 4
   For Y = 1to 2
       配列(X,Y) = X + Y    2次元配列にXとYの合計の数値を代入する
   Next Y
Next X
```

　VBAでは、動的配列と多次元配列を利用してデータを管理するよりも、ワークシートのセルでデータを管理するほうが簡単な場合があります。

やってみよう！4 都道府県名を配列に代入する

　ワークシートのB2からB8セルの値を配列に代入して、配列から、D2からD8セルに代入するマクロを作成して、コマンドボタン [ボタン1] のクリックで実行します。

	A	B	C	D	E	F	G
1							
2		東京都				ボタン1	
3		神奈川県					
4		千葉県					
5		埼玉県					
6		茨城県					
7		群馬県					
8		栃木県					

クリックすると…

	A	B	C	D	E	F	G
1							
2		東京都		東京都		ボタン1	
3		神奈川県		神奈川県			
4		千葉県		千葉県			
5		埼玉県		埼玉県			
6		茨城県		茨城県			
7		群馬県		群馬県			
8		栃木県		栃木県			

B2からB8セルの値が、D2からD8セルに代入される。

 ファイル名 **try04**

- 配列の宣言でデータ型はString、インデックス番号は6で作成します。
- コマンドボタンからのマクロの実行は、38ページを参考にします。

If～Thenステートメントで処理を分岐する

学習のポイント
- If～Thenで条件が1つの分岐処理を学びます。
- If～Then～Elseで条件が2つの分岐処理を学びます。
- If～Then～ElseIfで条件が複数の分岐処理を学びます。

ステートメントとは、VBAのコードで使用される命令文のことです。特にIf～Thenステートメントは、VBAのプログラミングで最も使用される命令文です。

If～Thenステートメントは、条件式から「もしある条件を満たしたら」または「もしある条件を満たさなかったら」を判定して実行する処理を分岐することができます。

1 ▶▶ If～Thenステートメント

If～Thenステートメントは、条件式を満たした場合は、処理1を実行し、条件式を満たさなかった場合は、何も実行しません。

★If～Thenステートメント

```
If 条件式 Then
    処理1
End If
```

次のコードは、「年齢」が20以上の場合、「成人です」とメッセージを表示します。

```
If 年齢 >= 20 Then
    MsgBox "成人です"
End If
```

2 ▶▶ If～Then～Elseステートメント

If～Then～Elseステートメントは、条件式を満たした場合は、処理1を実行し、条件式を満たさなかった場合は、処理2を実行します。

★If～Then～Elseステートメント

```
If 条件式 Then
    処理1
Else
    処理2
End If
```

次のコードは、「年齢」が20以上の場合、「成人です」とメッセージを表示し、「年齢」が20未満の場合、「未成年です」とメッセージを表示します。

```
If 年齢 >= 20 Then
    MsgBox "成人です"
Else
    MsgBox "未成年です"
End If
```

3 ▶▶ If～Then～ElseIfステートメント

If～Then～ElseIfステートメントは、条件式1を満たした場合は、処理1を実行し、条件式2を満たした場合は、処理2を実行します。さらに、すべての条件式を満たさなかった場合は、処理3を実行します。

★If～Then～Elseifステートメント

```
If 条件式1 Then
    処理1
ElseIf 条件式2 Then
    処理2
Else
    処理3
End If
```

次のコードは、「年齢」が65以上の場合、「高齢者です」とメッセージを表示し、「年齢」が20以上の場合、「成人です」とメッセージを表示します。さらに、「年齢」が20未満の場合、「未成年です」とメッセージを表示します。

```
If 年齢 >= 65 Then
    MsgBox "高齢者です"
ElseIf 年齢>= 20 Then
    MsgBox "成人です"
Else
    MsgBox "未成年です"
End If
```

4 ▶▶ 比較演算子と論理演算子

条件式で使われる比較演算子と論理演算子についてまとめておきます。
条件式は、比較演算子により「True」または「False」を返します。

■条件式で使われる比較演算子

=	等しい	変数X＝1 変数Xの値が1のときは「True」、そうでないときは「False」を返す。
<	より小さい	変数X＜1 変数Xの値が1より小さいときは「True」、そうでないときは「False」を返す。
<=	以下	変数X＜＝1 変数Xの値が1以下のときは「True」、そうでないときは「False」を返す。
>	より大きい	変数X＞1 変数Xの値が1より大きいときは「True」、そうでないときは「False」を返す。
>=	以上	変数X＞＝1 変数Xの値が1以上のときは「True」、そうでないときは「False」を返す。
<>	等しくない	変数X＜＞1 変数Xの値が1と等しくないときは「True」、そうでないときは「False」を返す。

論理演算子を使用すると、複数の条件式を組み合わせて1つの条件を指定することができます。

■条件式で使われる論理演算子

And	論理積	変数X＝1 And 変数Y＝1 変数Xの値が1で、なおかつ変数Yの値が1のときは「True」、そうでないときは「False」を返す。
Or	論理和	変数X＝1 Or 変数Y＝1 変数Xの値が1または変数Yの値が1のときは「True」、そうでないときは「False」を返す。

 **ネスト（入れ子）の分岐処理**

If～Then～Elseステートメントは、その中にさらにIf～Then～Elseステートメントを組み込んで条件式をネスト（入れ子）構造にすることができます。

PART 2　Lesson 3 If～Thenステートメントで処理を分岐する

20歳以上を「成人です」と表示する

B2セルの年齢の値を判定して20歳以上ならD2セルに「成人です」と表示するマクロを作成して、[ボタン1]のクリックで実行します。

完成例

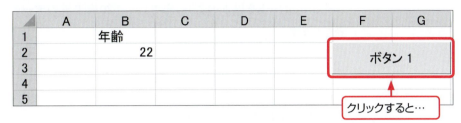

クリックすると…

B2セルの値を判断して処理を実行する。

ファイル名 **rei04**

5 ▶▶ コードの入力

次のコードを入力します。

```
Sub Macro1()
    Dim 年齢 As Integer              変数「年齢」を宣言する

    年齢 = Range("B2").Value          変数「年齢」にB2セルの値を代入する

    If 年齢 >= 20 Then                変数「年齢」が20以上だと
        Range("D2").Value = "成人です"  D2セルに「成人です」と表示する
    End If
End Sub
```

ワンポイント ▶▶ ワークシート関数を利用する

この処理は、ワークシート関数を利用しても同じことができます。
D2セルに =IF(B2>=20,"成人です","未成年です") とワークシートのIF関数を記述すれば同じ結果になります。
しかし、65歳以上は高齢者、75歳以上は後期高齢者にするなどの分岐する条件を追加すると、IF関数をいくつも重ねなくてはなりません。この場合は、VBAのコードで処理を分岐したほうが簡単になります。

6 ▶▶ コードの編集

このコードは、D2セルに「成人です」と代入されると、20歳未満のデータが入力されてもセルには「成人です」の表示が残ってしまいます。

そこで、コードを以下のように変更して、20歳未満のデータは「未成年です」と表示します。

```
If 年齢 >= 20 Then
    Range("D2").Value = "成人です"
Else
    Range("D2").Value = "未成年です"
End If
```

やってみよう！ 5 ▶ 点数により成績を判定する

B2セルの点数の数値を判定し、90点以上は「優です」、80点以上は「良です」、70点以上は「可です」、70点未満は「不可です」と、D2セルに表示するマクロを作成して、[ボタン1] のクリックで実行します。

	A	B	C	D	E	F	G
1		点数					
2		90		優です		ボタン1	
3							
4							
5							

ファイル名 try05

- 複数の条件は、If～Then～ElseIfで処理を記述します。
- 最後にElse～End Ifで、どの条件にも当てはまらない処理を記述します。

Select〜Caseステートメントで処理を選択する

学習のポイント
- Select〜Caseで条件式が多いときの分岐処理を学びます。
- Select〜Caseの変数の値と比較条件での判定の方法を学びます。
- すべての条件式に該当しないときのCase Elseの処理方法を学びます。

　If〜Thenステートメントは、複数の条件で処理を分岐することができますが、さらに条件の数が多くなるとIf〜Thenステートメントで、すべてを記述するのは大変です。そこでSelect〜Caseステートメントを使用すると、条件の数が多くなった場合でも、簡単にコードを記述することができます。

1 ▶▶ Select〜Caseステートメント

　Select〜Caseステートメントは、条件式を判定して、条件が一致した場合に処理を実行します。

　最初のCaseの条件がTrueでないときは、次のCaseの条件を調べます。どのCaseの条件もTrueでないときは、最後のCase Elseの処理を実行します。

●変数の値で判定する

　最初のCaseの条件が、変数=値1でTrueのときは、処理1を実行し、次のCaseの条件が、変数=値2でTrueのときは、処理2を実行します。どのCaseの値も、変数に当てはまらない場合は、Case Elseの処理3を実行しますが、最後のCase Elseは省略することができます。

```
Select Case 変数
    Case 値1
        処理1
    Case 値2
        処理2
    Case Else
        処理3
End Select
```

次のコードは、変数Xが1から5のときは、「1から5です。」と、変数Xが6から9のときは、「6から9です。」と、変数Xが10以上のときは、「10以上です。」とメッセージを表示します。

```
Dim X As Integer
Select Case X
   Case 1 To 5
      MsgBox "1から5です。"
   Case 6, 7, 8, 9
      MsgBox "6から9です。"
   Case Else
      MsgBox "10以上です。"
End Select
```

●比較演算子で判定する

比較演算子を使用する場合は、Case Isに比較条件を記述します。

最初のCaseの比較条件1がTrueのときは、処理1を実行し、次のCaseの比較条件2がTrueのときは、処理2を実行します。どのCaseの比較条件も変数に当てはまらない場合は、Case Elseの処理3を実行しますが、最後のCase Elseは省略することができます。

```
Select Case 変数
    Case Is 比較条件1
       処理1
    Case Is 比較条件2
       処理2
    Case Else
       処理3
End Select
```

次のコードは、変数Xが1から5のときは、「1から5です。」と、変数Xが6から9のときは、「6から9です。」と、変数Xが10以上のときは、「10以上です。」とメッセージを表示します。

```
Dim X As Integer
Select Case X
   Case Is <= 5
      MsgBox "1から5です。"
   Case Is <= 9
      MsgBox "6から9です。"
   Case Else
      MsgBox "10以上です。"
End Select
```

PART 2 Lesson 4 Select～Caseステートメントで処理を選択する

例題 05 **点数により成績を判定する**

B2セルの点数の数値から90点以上は「優です」、80点以上は「良です」、70点以上は「可です」、70点未満は「不可です」と判定し、D2セルに表示するマクロを作成して、[ボタン1]のクリックで実行します。

完成例

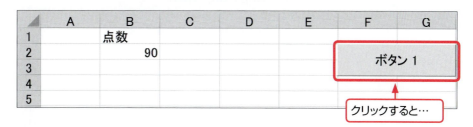

B2セルの値を判定して処理を実行する。

ファイル名 **rei05**

2 ▶▶ コードの入力

「やってみよう! 5」(78ページ)で記述した「If～Then～ElseIfステートメント」と同じ処理を「Select～Caseステートメント」で記述します。

```
Sub Macro1()
    Dim 点数 As Integer                    変数「点数」を宣言する

    点数 = Range("B2").Value               変数「点数」にB2セルの値を代入する

    Select Case 点数                       比較条件に「点数」を設定する
        Case Is >= 90                      点数が90点以上だと
            Range("D2").Value = "優です"   D2セルに「優です」と表示する
        Case 80 To 89                      点数が80点以上で89点以下の間は
            Range("D2").Value = "良です"   D2セルに「良です」と表示する
        Case 70 To 79                      点数が70点以上で79点以下の間は
            Range("D2").Value = "可です"   D2セルに「可です」と表示する
        Case Else                          すべての比較条件に当てはまらないと
            Range("D2").Value = "不可です" D2セルに「不可です」と表示する
    End Select
End Sub
```

3 ▶▶ コードの編集

変数「点数」を使用しなくても、比較条件にValueプロパティでB2セルを記述することで、同じ処理ができます。

```
Select Case Range("B2").Value
    Case Is >= 90
        Range("D2").Value = "優です"
    Case 80 To 89
        Range("D2").Value = "良です"
    Case 70 To 79
        Range("D2").Value = "可です"
    Case Else
        Range("D2").Value = "不可です"
End Select
```

やってみよう！6 ▶▶ 売上によりAからEまでランクを表示する

B2セルの売上金額から該当するランクを判定して、D2セルに表示するマクロを作成して、[ボタン1]のクリックで実行します。
売上金額が1,000,000円以上の「Aランクです」から、200,000円未満の「ランク外です」までを表示します。

	A	B	C	D	E	F	G
1		売上金額		ランク			
2		950000		Bランクです		ボタン1	
3							
4							
5							
6		A	1000000				
7		B	800000				
8		C	600000				
9		D	400000				
10		E	200000				

   ファイル名 **try06**

- **Select Case**ステートメントで売上金額を判定します。
- 変数は1,000,000円以上を処理できるデータ型（Long）を宣言します。
- B2セルに200,000円未満のデータが入力されたときは、**Case Else**で処理を記述します。

PART 2　Lesson 4 Select～Caseステートメントで処理を選択する

やってみよう！7 ▶▶ 番号により都道府県の名称を選択する

B2セルの1から7の番号から該当する都道府県のデータをD2セルに表示するマクロを作成して、[ボタン1]のクリックで実行します。

	A	B	C	D	E	F	G
1		番号		都道府県			
2		2		神奈川県		ボタン1	
3							
4							
5							
6			1	東京都			
7			2	神奈川県			
8			3	千葉県			
9			4	埼玉県			
10			5	茨城県			
11			6	群馬県			
12			7	栃木県			

ファイル名　try07

ヒント

● Select Caseステートメントで1から7の判定をします。
● 変数のデータ型は、文字列型（String）を宣言します。
● B2セルに1から7以外のデータが入力されたときは、空欄にする処理をCase Elseで記述します。

ワンポイント▶▶　**コードは文字列型で宣言する**

　上の「やってみよう！7」では、変数のデータ型は文字列型（String）で宣言しています。この問題では、変数のデータ型を整数型（Integer）で宣言しても同じ処理ができます。
　しかし、郵便番号のように0から始まる番号から判定する場合は、整数型は使用できません。このため、番号やコードからの判定では、なるべく文字列型を使用するようにしましょう。

Lesson 5 For~Nextステートメントで処理を繰り返す

学習のポイント
- For~Nextで、同じ処理を決まった回数まで繰り返す方法を学びます。
- Exit Forにより処理の途中でループを抜ける方法を学びます。

For~Nextステートメントは、一定の回数同じ処理を繰り返すときに使用します。このFor~Nextステートメントは、配列のインデックス番号を利用してデータを代入したり、Cellsプロパティを利用してセルに連続してデータを代入するのに便利です。

1 ▶▶ For~Nextステートメント

For~Nextステートメントは、指定した回数まで同じ処理を実行することができます。このForループには、繰り返した回数に応じて値が増減するカウンタ変数が使われます。

Forステートメントは、カウンタ変数の開始値と終了値を指定します。Next ステートメントでは、カウンタ変数を増加させます。

カウンタ変数には、最初に開始値が代入され、繰り返し処理が1回実行されるごとに、カウンタ変数に1が加算されます。カウンタ変数が終了値を超えると、For~Nextステートメント内の繰り返し処理が終わります。

★For~Nextステートメント

```
For カウンタ変数 = 開始値 To 終了値
    繰り返し処理
Next (カウンタ変数)
```

次のコードでは、変数Xを1から10まで繰り返し処理して、変数Xの値を1から10までメッセージに表示します。

```
Dim X As Integer
For X=1 to 10
    MsgBox X
Next X
```

さらに、Stepを使用すると、指定した値でカウンタ変数の増加と減少ができます。

```
For カウンタ変数 = 開始値 To 終了値 Step 増加量
    繰り返し処理
Next（カウンタ変数）
```

次のコードでは、変数Xにより繰り返し処理しますが、繰り返し処理が1回実行されるごとに、カウンタ変数に2が加算されます。そのため、変数Xの値は、1,3,5,7,9と奇数をメッセージに表示します。

```
Dim X As Integer
For X=1 to 10 Step 2
    MsgBox X
Next X
```

また、Exit For ステートメントを使用すると、カウンタ変数が終了値になる前にFor～Nextステートメントを終了することができます。

次のコードでは、変数Xにより繰り返し処理しますが、変数Xが5を超えると、Exit Forで処理を中止します。そのため変数Xの値は、1から5までをメッセージに表示します。

```
Dim X As Integer
For X=1 to 10
    If X>5 Then
        Exit For
    Endif
    MsgBox X
Next X
```

For Each～Nextステートメントを利用すると、コレクション内のすべてのオブジェクトに対して同じ処理を繰り返し実行することができます。

★For Each～Nextステートメント

```
Dim オブジェクト変数 As オブジェクトの種類
For Each オブジェクト変数 In コレクション
    繰り返し処理
Next（オブジェクト変数）
```

例題 06 都道府県のデータを代入する

For~Nextステートメントを使用して、ワークシートのB2からB8セルの値をD2からD8セルに代入するマクロを作成して、[ボタン1]のクリックで実行します。

完成例

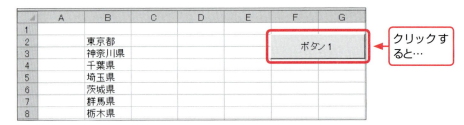

ファイル名 **rei06**

2 ▶▶ コードの入力

次のコードを入力します。

```
Sub Macro1()
    Dim カウンタ As Integer              変数「カウンタ」を宣言する

    For カウンタ = 2 To 8                Forループを開始する
        Cells(カウンタ, 4).Value = Cells(カウンタ, 2).Value   セルへの代入を実行する
    Next                                変数「カウンタ」に1を加算する
End Sub
```

3 ▶▶ Cellsプロパティの利用

For~Nextステートメントでセルを操作するには、RangeプロパティではなくてCellsプロパティを使用します。

Cellsプロパティは、セルを数値で管理することができます。そのため、

　　Cells(カウンタ, 4).Value = Cells(カウンタ, 2).Value

は、変数「カウンタ」が「2」のときには、

　　Cells(2, 4).Value = Cells(2, 2).Value

になります。

これは、D2セル（2行4列目）に、B2セル（2行2列目）の値を代入するという処理を実行します。

この処理を変数「カウンタ」の2から8までで7回繰り返すと、すべてのデータの代入が終了します。

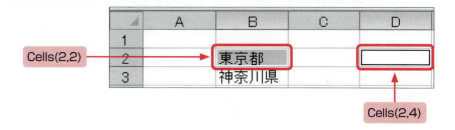

Rangeプロパティで、同じ処理を行うときのコードは、以下のようになります。

```
Sub Macro1()
    Range("D2").Value = Range("B2").Value
    Range("D3").Value = Range("B3").Value
    Range("D4").Value = Range("B4").Value
    Range("D5").Value = Range("B5").Value
    Range("D6").Value = Range("B6").Value
    Range("D7").Value = Range("B7").Value
    Range("D8").Value = Range("B8").Value
End Sub
```

このサンプルデータは、関東地方だけなのでFor～Nextステートメントを使用しなくてもセルへの代入は可能です。

しかし、全国の都道府県やさらに市区町村などの大量のデータを処理する場合は、For～NextステートメントとCellsプロパティを使用すると、簡単なコードで処理することができます。

 同じ処理の繰り返し

For～Nextステートメントは、指定した回数の処理を繰り返して実行します。Lesson 6で解説するDo～Loopステートメントも同じ処理を繰り返して実行することができます。

For～Nextステートメントは、処理の繰り返しの回数を数値で指定しますが、Do～Loopステートメントは処理の繰り返しを条件式で設定します。

このためDo～Loopステートメントは、ワークシートのセルにデータがあるなどを条件式として処理を繰り返すことができます。

やってみよう！8 ▶▶ 累乗の数値計算をする

　For～Nextステートメントを使用して、ワークシートのB2セルから2の累乗の数値を連続して代入するマクロを作成して、［ボタン1］のクリックで実行します。

	A	B	C	D	E	F	G
1							
2		2				ボタン1	
3		4					
4		8					
5		16					
6		32					
7		64					
8		128					
9		256					
10		512					
11		1024					

 ファイル名 **try08**

- 変数はオーバーフローしないデータ型（Long）を使用します。
- For～Nextステートメントを使用して、変数に2を乗じてからセルに値を代入します。
- 変数を使用しないでセルの値を直接書き換えるコードを考えましょう。

やってみよう！9 ▶▶ 売上によるランクを連続して表示する

　For～Nextステートメントを使用して、B2からB7セルの売上金額から該当するランクを判定し、D2からD7セルに表示するマクロを作成して、［ボタン1］のクリックで実行します。

　売上金額が1,000,000円以上の「Aランクです」から、200,000円未満の「ランク外です」までを表示します。

	A	B	C	D	E	F	G
1		売上金額		ランク			
2	山田	1239000		Aランクです		ボタン1	
3	鈴木	894000					
4	加藤	670000					
5	石田	420000					
6	渡辺	1080000					
7	吉田	120000					
8							
9							
10		A	1000000				
11		B	800000				
12		C	600000				
13		D	400000				
14		E	200000				

 ファイル名 **try09**

- 変数はオーバーフローしないデータ型（Long）を使用します。
- For～Nextステートメントの中で、Select Caseステートメントを使用します。

Lesson 6 Do~Loopステートメントで処理を繰り返す

学習のポイント
- Do While~Loopの処理の繰り返しを学びます。
- Do Until~Loopの処理の繰り返しを学びます。
- Exit Do により処理の途中でループを抜ける方法を学びます。

1 ▶▶ Do~Loopステートメント

Do~Loopステートメントは、指定した処理を繰り返し実行することができます。

条件が真(True)である間、または条件が真(True)になるまで繰り返し実行します。条件を指定する方法として、Whileを使用する場合とUntilを使用する場合があります。

●Whileを使用する

条件式が真(True)の間は処理が実行されます。ループを抜けるには、繰り返し処理中に条件式が偽(False)になるか、Exit Doステートメントで繰り返し処理を中断します。

(1) Whileを前にした場合

条件式を満たしているかを判定してから繰り返し処理を実行します。

```
Do While 条件式
    繰り返し処理
Loop
```

次のコードでは、条件式が真(True)の間(変数Xが11未満の間)、変数Xをメッセージに表示する処理を繰り返します。

```
Dim X As Integer
X = 1
Do While X < 11
    MsgBox X
    X = X + 1
Loop
```

（2）Whileを後にした場合

繰り返す処理を実行してから条件式を満たしているか判定します。

条件式に関係なく1回は、繰り返し処理を実行します。

```
Do
    繰り返し処理
Loop While 条件式
```

次のコードでは、条件式が真（True）の間（変数Xが11未満の間）、変数Xをメッセージで表示する処理を繰り返します。

```
Dim X As Integer
X = 1
Do
   MsgBox X
   X = X + 1
Loop While X < 11
```

●Untilを使用する

停止条件式が真（True）になるまで処理が実行されます。ループを抜けるには、繰り返し処理の中で停止条件式が真（True）になるか、Exit Do ステートメントで繰り返し処理を中断します。

（1）Untilを前にした場合

停止条件式を満たしているかを判定してから繰り返し処理を実行します。

```
Do Until 停止条件式
   繰り返し処理
Loop
```

次のコードでは、条件式が真（True）になるまで（変数Xが11になるまで）、変数Xをメッセージで表示する処理を繰り返します。

```
Dim X As Integer
X = 1
Do Until X =11
   MsgBox X
   X = X + 1
Loop
```

（2）Until を後にした場合

繰り返す処理を実行してから停止条件式を満たしているか判定します。停止条件式に関係なく1回は繰り返し処理を実行します。

```
Do
    繰り返し処理
Loop Until 停止条件式
```

次のコードでは、条件式が真（True）になるまで（変数Xが11になるまで）、変数Xをメッセージで表示する処理を繰り返します。

```
Dim X As Integer
X = 1
Do
    MsgBox X
    X = X + 1
Loop Until X =11
```

2 ▶▶ Do～Loopステートメントの終了

　Do～Loopステートメントを処理の途中で終了するには、Exit Doステートメントを使うことができます。無限ループを避けるためや、特定の条件で処理を終了させたい場合には、If～Thenステートメントの中に Exit Doステートメントを記述します。

　次のコードでは、条件式が真（True）の間（変数Xが11未満の間）変数Xをメッセージで表示する処理を繰り返しますが、If～ThenとExit Doで、Xが5を超えるとループを終了します。

```
Dim X As Integer
X = 1
Do While X < 11
    If X>5 Then
        Exit Do
    End if
    MsgBox X
    X= X + 1
Loop
```

無限ループから抜け出す

　Do～Loopステートメントで繰り返し処理を実行する場合に、条件式の誤りで無限ループになってしまうことがあります。

　無限ループは、永遠に同じ処理を繰り返しますので、Excelを終了することができません。通常はEscキーまたはCtrl+Breakキーで無限ループを終了しますが、最悪の場合はタスクバーからWindowsのタスクマネージャを起動してExcelを強制終了することになります。

　Do～Loopステートメントは、条件式の誤りで無限ループにならないように十分に注意が必要です。

参考 WhileとUntilの違い

WhileとUntilを使用した場合には、同じ繰り返し処理でも以下のようになります。

```
Sub Macro1()
    Dim X As Integer
    X = 1
    Do While X < 11          条件式が真（true）の間（変数Xが11未満の間）処理を繰り返す
        X = X + 1            条件式は真（true）の処理
    Loop
End Sub

Sub Macro1()
    Dim X As Integer
    X = 1
    Do Until X =11           条件式が真（true）になるまで（変数Xが11になるまで）処理を繰り返す
        X = X + 1            条件式は偽（False）の処理
    Loop
End Sub
```

やってみよう！10 ▶▶ セルに点数のデータがある間は処理を繰り返す

　Do～Loopステートメントを使用して、B列のセルに点数のデータがある間は点数を判定してD列のセルに判定結果を表示するマクロを作成して、［ボタン1］のクリックで実行します。

　点数により90点以上は「優です」、80点以上は「良です」、70点以上は「可です」、70点未満は「不可です」と判定して表示します。

	A	B	C	D	E	F	G
1		点数					
2	山田	89		良です		ボタン1	
3	鈴木	92					
4	加藤	88					
5	石田	65					
6	渡辺	76					
7	吉田	32					

  ファイル名 **try10**

- Do While～Loopステートメントの繰り返し処理で実行します。
- 行数を管理する変数を宣言します。
- 変数＝変数＋1で処理する行を管理します。
- B列のセルが空白でない間は、処理を継続します。

PART 3

プロシージャとVBA関数

- ▶▶ Lesson 1　プロシージャとVBA関数
- ▶▶ Lesson 2　日付と時刻を操作する
- ▶▶ Lesson 3　文字列を操作する
- ▶▶ Lesson 4　数値を操作する
- ▶▶ Lesson 5　Format関数で書式を操作する
- ▶▶ Lesson 6　MsgBox関数でユーザーにメッセージを表示する
- ▶▶ Lesson 7　InputBox関数でユーザーが値を入力する
- ▶▶ Lesson 8　その他のVBA関数
- ▶▶ Lesson 9　ユーザー定義関数で処理をする

プロシージャとVBA関数

学習のポイント
- SubプロシージャとFunctionプロシージャについて学びます。
- VBA関数の概要について学びます。
- Functionプロシージャをユーザー定義関数として利用する方法について学びます。

このLessonでは、マクロの実行単位であるVBAのプロシージャと、VBAに組み込まれている関数（VBA関数）の概要について説明します。

1 ▶▶ プロシージャの種類

プロシージャとは、VBAのモジュールにコードとして記述されたマクロの実行単位のことです。ここでは、SubプロシージャとFunctionプロシージャについて解説します。

Subプロシージャは、「Sub」から「End Sub」の間のVBAのコードがマクロの実行単位となります。Functionプロシージャでは、「Function」から「End Function」の間のVBAのコードがマクロの実行単位となります。

Subプロシージャは、引数を受け取ることはできますが、戻り値はありません。これに対し、Functionプロシージャは、引数を受け取り、戻り値を返すことができます。

★Subプロシージャ

```
Sub プロシージャ名()
    実行する処理
End Sub
```

次のコードは、「Subプロシージャ」とメッセージを表示するマクロです。

```
Sub Macro1()
    MsgBox "Subプロシージャ"
End Sub
```

★Function プロシージャ

```
Function プロシージャ名(引数 As データ型) As 戻り値のデータ型
    実行する処理
    プロシージャ名 = 戻り値
End Function
```

　Subプロシージャが処理の結果として値を返さないのに対して、Functionプロシージャは、処理の結果として値を返すことができます。

　Functionプロシージャは、VBA関数と同じように動作しますので、ユーザー定義関数として利用できます。

　このためFunctionプロシージャは、Subプロシージャから呼び出されて、計算結果などを返す処理に利用されることが多くなります。

　次のコードでは、SubプロシージャのMacro1から、FunctionプロシージャのMacro2を呼び出します。

　Macro1の変数Xに、Macro2で消費税の1.08を乗じる計算をして計算結果をMacro1に返します。

　Macro1では、計算結果の「1080」がメッセージとして表示されます。

```
Sub Macro1()
    Dim X As Long
    X = 1000
    X = Macro2(X)
    MsgBox X
End Sub
```

```
Function Macro2(Y As Long)
    Macro2 = Y * 1.08
End Function
```

●Module1に、新しいプロシージャを挿入する

手順1

　VBEの[挿入]メニューから[プロシージャ]をクリックします。

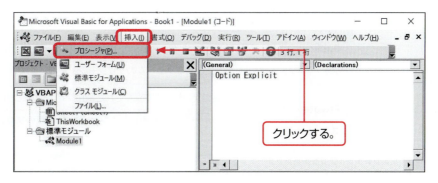

手順2

［プロシージャの追加］ダイアログボックスから、プロシージャの［名前］を入力し、［種類］と［適用範囲］を選択して、［OK］ボタンをクリックします。

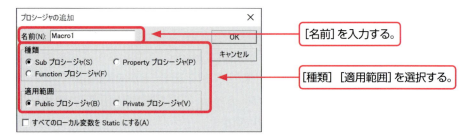

手順3

標準モジュールの［Module1］に、新しいプロシージャが追加されます。

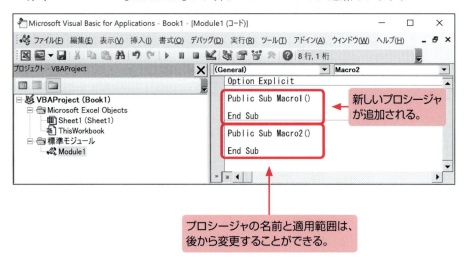

プロシージャの名前と適用範囲は、後から変更することができる。

●プロシージャの適用範囲

プロシージャの適用範囲としては、PublicステートメントまたはPrivateステートメントを選択できます。このステートメントを指定しないと自動的にPublicプロシージャになります。このため、Privateステートメントを記述しないSubプロシージャとFunctionプロシージャ（ユーザー定義関数）は、アプリケーションのどこからでも呼び出して使用することができます。

Public ステートメント	Publicステートメントで宣言されたSubプロシージャとFunctionプロシージャは、すべてのモジュールのプロシージャから参照できます。
Private ステートメント	Privateステートメントで宣言されたSubプロシージャとFunctionプロシージャは、プロシージャを記述したモジュール内の他のプロシージャから参照できます。

●プロシージャの呼び出し

プロシージャは、コードの中にプロシージャ名を記述することで実行できます。

次のコードは、Macro1からMacro2を呼び出して「Macro2プロシージャ」とメッセージを表示します。

```
Sub Macro1()
    Macro2
End Sub
```

```
Sub Macro2()
    MsgBox "Macro2プロシージャ"
End Sub
```

また、Callステートメントを使ってもプロシージャを呼び出すことができます。Callステートメントを使うときは、「Call Macro1」のようにコードに記述します。

上記のコードを、次のように「Call Macro2」と記述しても同じ処理を実行します。

```
Sub Macro1()
    Call Macro2
End Sub
```

2 ▶▶ VBA関数の概要

VBA関数は、VBAのモジュールのコードに記述して使用される関数です。

VBA関数は、Excelのワークシート関数と同じように引数を受け取り処理した結果を返します。

VBA関数を使用してセルとワークシートへの処理をするのは、VBA関数とコードを組み合わせるとExcelのワークシート関数ではできない複雑な処理をすることができるからです。

さらに、VBA関数はユーザーフォームでのデータ処理に利用することもできます。

しかし、VBAの関数は、Excelのワークシート関数と同じものがすべてあるわけではありません。また、ワークシート関数と同じ名前のVBAの関数でも、ワークシート関数とは書式が違う場合もありますので注意が必要です。

次のページの表は、主なVBA関数です。

■ 主なVBA関数

日付の関数	Date関数	現在の日付を返します。
	Year関数 Month関数 Day関数	日付から年、月、日を返します。
	DateAdd関数	日付に指定された期間を加算して返します。
	DateDiff関数	指定された2つの日付の期間を返します。
	Weekday関数	日付の曜日を整数で返します。
	WeekdayName関数	日付の曜日名を文字列で返します。
	DateSerial関数	指定した年、月、日に対応する数値を返します。
	DatePart関数	日付の指定した部分から数値を返します。
	DateValue関数	日付を表す文字列から日付を返します。
時刻の関数	Time関数	現在の時刻を返します。
	Hour関数 Minute関数 Second関数	時刻から時、分、秒を返します。
	Now関数	現在の日付と時刻を返します。
	TimeSerial関数	時、分、秒に対応する数値から時刻を返します。
	Timer関数	午前0時からの経過した秒数を返します。
	TimeValue関数	時刻を表す文字列から時刻を返します。
文字列操作関数	Len関数	文字列の文字数を返します。
	Left関数	文字列の左端から指定した文字数分の文字列を返します。
	Right関数	文字列の右端から指定した文字数分の文字列を返します。
	Mid関数	文字列から指定した文字数分の文字列を返します。
	Lcase関数	アルファベットの大文字を小文字に変換します。
	Ucase関数	アルファベットの小文字を大文字に変換します。
	Trim関数	文字列の先頭と末尾の空白を削除します。
	Ltrim関数	文字列の先頭の空白を削除します。
	Rtrim関数	文字列の末尾の空白を削除します。
	Replace関数	文字列の一部を別の文字列で置換した文字列を返します。
	InStr関数	文字列から指定した文字列を検索し、最初に見つかった文字位置を文字数で返します。
	InStrRev関数	文字列から指定した文字列を最後から検索し、最初に見つかった文字位置を文字数で返します。
	StrComp関数	文字列を比較した結果を返します。
	StrConv関数	文字列を指定した形式に変換します。
	StrReverse関数	文字列の文字の並びを逆にした文字列を返します。
	Asc関数	文字列の先頭文字の文字コードを返します。
	Chr関数	指定した文字コードに対応する文字を返します。
	Str関数	数値を文字列で表した値で返します。
	Val関数	文字列に含まれている数値を返します。

PART 3　Lesson 1　プロシージャとVBA関数

分類	関数	説明
文字列操作関数	Space関数	指定した数のスペースからなる文字列を返します。
	String関数	指定した文字を指定した数だけ並べた文字列を返します。
	Split関数	文字列から1次元の配列を返します。
	Join関数	配列から文字列を結合して作成される文字列を返します。
	Filter関数	指定されたフィルタ条件に基づいた配列を返します。
	Format関数	文字列を指定した書式に変換して返します。
数値操作関数	Int関数	数値の整数部分を返します。
	Fix関数	数値の整数部分を返します。
	Round関数	指定された小数点位置で丸めた数値を返します。
	Abs関数	数値の絶対値を同じデータ型で返します。
	Rnd関数	単精度浮動小数点数型 (Single) の乱数を返します。
評価関数	IsNull関数	データがNull値かどうかを調べます。
	IsNumeric関数	データが数値かどうかを調べます。
	IsDate関数	データが日付かどうかを調べます。
	IsArray関数	データが配列かどうかを調べます。
	IsEmpty関数	データがEmpty値かどうかを調べます。
	IsError関数	データがエラー値かどうかを調べます。
	IsMissing関数	省略可能な引数がユーザー定義プロシージャに渡されたかどうかを調べます。
	IsObject関数	識別子がオブジェクトへの参照かどうかを調べます。
	TypeName関数	変数に関する情報を調べます。
データ型変換関数	CBool関数	ブール型(Boolean)へデータ変換します。
	CByte関数	バイト型(Byte)へデータ変換します。
	CCur関数	通貨型(Currency)へデータ変換します。
	CDate関数	日付型(Date)へデータ変換します。
	CDbl関数	倍精度浮動小数点実数型(Double)へデータ変換します。
	CInt関数	整数型(Integer)へデータ変換します。
	CLng関数	長整数型(Long)へデータ変換します。
	CSng関数	単精度浮動小数点実数型(Single)へデータ変換します。
	CVar関数	バリアント型(Variant)へデータ変換します。
	CStr関数	文字列型(String)へデータ変換します。
その他の関数	MsgBox関数	ダイアログボックスにメッセージを表示し、ボタンがクリックされてからどのボタンがクリックされたのかを示す値を返します。
	InputBox関数	ダイアログボックスにメッセージとテキストボックスを表示し、文字列が入力されるか、またはボタンがクリックされてからテキストボックスの内容を返します。
	LBound関数	配列のインデックス番号の最小値を返します。
	UBound関数	配列のインデックス番号の最大値を返します。
	Array関数	指定された要素からバリアント型の配列を作ります。
	CreateObject関数	ActiveX オブジェクトへの参照を作成して返します。

● ワークシート関数をVBAのコードで利用する

　Excelのワークシート関数は、その種類と機能が豊富で関数の数も300以上あります。ワークシート関数は、通常はExcelのワークシートのセルに記述することで使用されますが、Application.WorkSheetFunctionプロパティを利用してVBAのコードから呼び出すことができます。

★WorksheetFunctionプロパティの使用例

	A	B	C	D	E
1	商品売上表				
2	商品	4月	5月	6月	平均
3	テレビ	234	311	297	281

ワークシートのAverage関数で計算している。

　ワークシートのAverage関数で平均を計算する場合、E3のセルには、「=AVERAGE(B3:D3)」と入力します。

　このAverage関数を、Application.WorkSheetFunctionプロパティによりVBAのコードで使用した場合には、次のようになります。

```
Sub Maroc1()
    Range("E3").Value = WorksheetFunction.Average(Range("B3:D3"))
End Sub
```

　このマクロを実行すると、ワークシートのAverage関数を使用した場合と同じ計算を実行して、E3のセルには、平均値が代入されます。

ワンポイント▶▶　VBAとワークシート関数

　Application.WorkSheetFunctionプロパティは、Excelのワークシート関数を呼び出して利用することができますが、すべてのワークシート関数が使用できるわけではありません。
　また、SUMIFS関数やCOUNTIFS関数を使用するときは、注意が必要です。
　VBAで使用できるワークシート関数については、Officeデベロッパーセンターの「Excel VBAリファレンス」から「Visual Basicで使用できるワークシート関数一覧」で確認できます。

3 ユーザー定義関数を作成する

　VBAの開発環境で利用できるVBA関数は、その種類と機能が充実しています。さらにApplication.WorkSheetFunctionプロパティで、300以上あるExcelのワークシート関数をVBAのコードで利用することもできます。
　Functionプロシージャでユーザー定義関数を作成するのは、実務では、VBA関数とExcelのワークシート関数だけでは処理することができない特殊な計算が必要になるからです。
　例えば、給与計算での支払金額から所得税や社会保険の計算や、固定資産の減価償却費の計算のためには専用のユーザー定義関数をユーザー自身が作成することがあります。
　ユーザー定義関数として作成したFunctionプロシージャは、VBAのコードからだけでなくExcelのワークシートのセルからでも利用することができますので、その応用範囲はさらに広くなります。

★Functionプロージャを使用したユーザー定義関数の構成

```
Function プロシージャ名(引数 As データ型) As 戻り値のデータ型
    実行する処理
    プロシージャ名 = 戻り値
End Function
```

★ユーザー定義関数の作成例

　消費税の税抜金額に消費税率を乗じて税込金額を求めるユーザー定義関数です。
　この関数は、引数としてDouble型の「zeinuki」を受け取り、1.08を乗じてから整数にしてDouble型の戻り値を返します。

```
Function syohizei(zeinuki As Double) As Double
    syohizei = Int(zeinuki * 1.08)
End Function
```

　消費税の計算をするのに、ワークシートに同じ数式を何度も記述するのは効率的ではありません。さらに消費税率が変更になると、すべての数式を変更しなくてはなりません。
　しかし、消費税を計算するユーザー定義関数をFunctionプロシージャで作成しておけば、必要なときにユーザー定義関数として呼び出すことで消費税の計算ができます。また、消費税率が変更になったときには、ユーザー定義関数の税率を修正することで簡単に対応できます。

● ユーザー定義関数をワークシートのセルへ組み込む

手順1

Excelの[数式]タブから[関数の挿入]ボタンをクリックします。

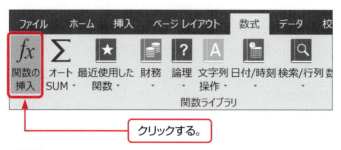

クリックする。

手順2

[関数の挿入]ダイアログボックスが表示されたら、[関数の分類]で[ユーザー定義]を選択し、[関数名]のリストから、ユーザー定義関数として作成した「syohizei」を選択します。

選択する。

手順3

[関数の引数]ダイアログボックスからB3セルを入力します。

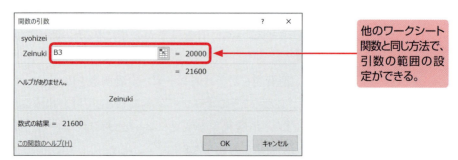

他のワークシート関数と同じ方法で、引数の範囲の設定ができる。

手順4

C3セルに「=syohizei(B3)」の数式が挿入されて、ユーザー定義関数により税抜金額から税込金額が計算されます。

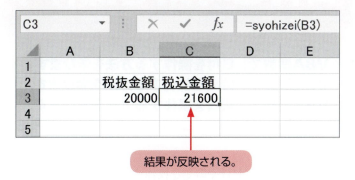

結果が反映される。

 **Formulaプロパティとワークシート関数**

　Application.WorkSheetFunctionプロパティは、Excelのワークシート関数を呼び出してその処理結果をセルに代入しています。このためワークシートのセルにワークシート関数を記述しても同じ結果になります。
　VBAのコードで、ワークシートのセルに数式やワークシート関数を入力するには、Formulaプロパティを使用します。
　下記のようなマクロを実行すると、セルに数式を入力することができます。

```
Sub Maroc1()
    Range("E3").Formula = "=Average(B3:D3)"
End Sub
```

Lesson 2 日付と時刻を操作する

学習のポイント
- VBA関数で、日付を操作する方法を学びます。
- VBA関数で、時間を操作する方法を学びます。
- VBA関数で、曜日を操作する方法を学びます。

このLessonでは、日付や時刻を操作する関数について説明します。
最初は、現在の日時と時刻を求める関数について学びます。

07 Date関数 Time関数 Now関数で現在の日付と時刻を求める

現在の日付をC2セルに、時刻をC3セルに代入するマクロを作成して、[日付と時刻]ボタンのクリックで実行します。

完成例

日付と時刻が表示される。
クリックすると…

ファイル名 **rei07**

1 ▶▶ Date関数とTime関数

　現在の日付を求めるには、Date関数、現在の時刻を求めるには、Time関数を使用します。

```
Sub Macro1()
    Range("C2").Value = Date    Date関数で現在の日付をセルに代入する
    Range("C3").Value = Time    Time関数で現在の時刻をセルに代入する
End Sub
```

Date関数
Date（引数はありません）
Date関数は、現在の日付を返します。

Time関数
Time（引数はありません）
Time関数は、現在の時刻を返します。

2 ▶▶ Now関数

　現在の日付と時刻を同時に求めるには、Now関数を使用します。

```
Sub Macro1()
    Range("C2").Value = Now
End Sub
```

Now関数
Now（引数はありません）
Now関数は、現在の日付と時刻を返します。

Year関数 Month関数 Day関数で年月日を求める

現在の日付をC2セルに入力して、その日付データから年、月、日を求めるマクロを作成して、[年・月・日] ボタンのクリックで実行します。

	A	B	C	D	E	F	G
1							
2	現在の日付		2016/1/1			年・月・日	
3							
4		年	2016				
5		月	1				
6		日	1				

 ファイル名 **try11**

- 日付から年を求めるには、**Year**関数を使用します。
- 日付から月を求めるには、**Month**関数を使用します。
- 日付から日を求めるには、**Day**関数を使用します。

 Year関数

Year（日付）
Year関数は、日付を西暦年の整数で返します。
引数の「日付」は、必ず日付を表すバリアント型（Variant）の値、数式、文字列式、またはこれらを組み合わせた値を指定します。

 Month関数

Month（日付）
Month関数は、日付から月数を表す1～12の整数を返します。
引数の「日付」は、必ず日付を表すバリアント型（Variant）の値、数式、文字列式、またはこれらを組み合わせた値を指定します。

 Day関数

Day（日付）
Day関数は、日付から日数を表す1～31の整数を返します。
引数「日付」は、必ず日付を表すバリアント型（Variant）の値、数式、文字列式、またはこれらを組み合わせた値を指定します。

PART 3 Lesson 2 日付と時刻を操作する

やってみよう! 12 ▶▶ Hour関数 Minute関数 Second関数で時・分・秒を求める

　現在の時刻をC2セルに入力して、その時刻データから時間、分、秒を求めるマクロを作成して、[時・分・秒] ボタンのクリックで実行します。

	A	B	C	D	E	F	G
1							
2	現在の時刻		8:45:48 PM			時・分・秒	
3							
4		時	20				
5		分	45				
6		秒	48				

ファイル名 **try12**

ヒント

- 時刻から時を求めるには、**Hour関数**を使用します。
- 時刻から分を求めるには、**Minute関数**を使用します。
- 時刻から秒を求めるには、**Second関数**を使用します。

Hour関数

Hour(時刻)

Hour関数は、時刻から時を表す整数を返します。
引数の「時刻」は、必ず時刻を表す任意のバリアント型 (Variant) の値、数式、文字列式、またはこれらを組み合わせた値を指定します。

Minute関数

Minute(時刻)

Minute関数は、時刻から分を表す整数を返します。
引数の「時刻」は、必ず時刻を表す任意のバリアント型 (Variant) の値、数式、文字列式、またはこれらを組み合わせた値を指定します。

Second関数

Second(時刻)

Second関数は、時刻から秒を表す整数を返します。
引数の「時刻」は、必ず時刻を表す任意のバリアント型 (Variant) の値、数式、文字列式、またはこれらを組み合わせた値を指定します。

DateValue関数で文字列から日付を求める

文字列の年月日のデータから日付を求めるマクロを作成して、[日付の作成] ボタンのクリックで実行します。

	A	B	C	D	E	F	G
1							
2		年	2016			日付の作成	
3		月	10				
4		日	15				
5							
6	日付		2016/10/15				

 ファイル名 **try13**

ヒント

- 文字列は、&（アンパサンド）で連結します。
- 年月日の間には、"/" を入れます。
- 文字列から年月日データの生成には、DateValue関数を使用します。

 DateValue関数

DateValue(年,月,日)
DateValue関数は、年月日の文字列を日付に変換します。
引数の「年,月,日」は、必ず100年1月1日から9999年12月31日までの範囲の日付を表す文字列式を指定します。この範囲内の日付を表す任意の式を指定することもできます。

 DateSerial関数

DateSerial(年,月,日)
DateSerial関数は、年月日の数値を日付に変換します。
引数の「年」は、必ず整数型（Integer）のデータ形式で指定します。年を表す100 〜9999の範囲の数値または数式を指定します。
引数の「月」は、必ず整数型（Integer）のデータ形式で指定します。月を表す1〜 12の範囲の数値または任意の数式を指定します。
引数の「日」は、必ず整数型（Integer）のデータ形式で指定します。日を表す1〜 31の範囲の数値または任意の数式を指定します。

PART 3 Lesson 2 日付と時刻を操作する

やってみよう！14 ▶▶ Weekday関数で日付から曜日を求める

連続している年月日のデータから曜日を求めるマクロを作成して、[曜日の表示] ボタンのクリックで実行します。

	A	B	C	D	E	F	G
1		日付		曜日			
2		2016/1/2				曜日の表示	
3		2016/1/3					
4		2016/1/4					
5		2016/1/5					
6		2016/1/6					
7		2016/1/7					
8		2016/1/8					

ファイル名 ▶ try14

ヒント

- For～Nextステートメントで処理を繰り返します。
- Weekday関数は、日付から曜日の数値を返します（日曜日は1になります）。
- Select～Caseステートメントで数値に対応した曜日をセルに代入します（処理するデータ数が確定していない場合は、Do～Loopステートメントを使用します）。

書式 Weekday関数

Weekday(日付)
Weekday関数は、指定された日付の曜日の数値を返します。
引数の「日付」は、必ず日付を表す数式、または文字列式を指定します。
曜日を示す数値の既定値は、日曜日を1から開始します。

書式 WeekdayName関数

WeekdayName(曜日を示す数値)
WeekdayName関数は、指定された曜日を表す文字列を返します。
引数の「曜日を示す数値」は、必ず曜日を示す数値の1から7を指定します。

ワンポイント ▶▶ 日付・時刻とシリアル値

Excelは、シリアル値という数値で日付（整数部分）と時刻（小数部分）を管理しています。
1900年1月1日が「1」から始まりますので、2016年1月1日は「42370」になります。日付や時刻がシリアル値で表示される場合は、[セルの書式設定] ダイアログボックスから日付の表示形式を変更する必要があります。

DateDiff関数で2つの日付の期間を求める

2つの日付データからその期間の日数を求めるマクロを作成して、[日数の計算] ボタンのクリックで実行します。

	A	B	C	D	E	F	G
1							
2	日付1		2015/10/10			日数の計算	
3	日付2		2016/1/2				
4							
5	日付の期間		83				

 ファイル名 **try15**

- 日数の変数をInteger型で宣言します。
- DateDiff関数で、2つの日付データからその期間の日数を求めます。
- 日数を変数に代入してからセルに表示します（変数を使用しないコードも作成できます）。

 DateDiff関数

DateDiff(時間単位, 日付1, 日付2)

DateDiff 関数は、指定した時間の単位で2つの日付の期間を求めることができます。
引数の「時間単位」は、必ず「日付1」と「日付2」の間隔を計算するための時間単位を表す文字列式を指定します。yyyy（年）、m（月）、y（年間通算日）、d（日）、w（週日）、ww（週）、h（時）、n（分）、s（秒）を指定します。
引数の「日付1」と「日付2」は、必ずバリアント型のデータ形式で、間隔を計算する2つの日付を指定します。

 **西暦から和暦への変換**

Date関数では、Excelの標準の西暦の日付形式のデータを返します。西暦の日付のデータを和暦の文字列に変換するには、VBA関数のFormat関数（126ページを参照）をDate関数と組み合わせて使用します。

```
Sub Macro1()
    Range("C2").Value = Format(Date, "ggge年m月d日")
End Sub
```

現在の日付データが和暦でセルに代入されますので、セルの書式設定から日付の表示形式を変更する必要がありません。

	A	B	C	D	E
1					
2	現在の日付		平成28年1月1日		

PART 3 Lesson 2 日付と時刻を操作する

やってみよう！16 ▶▶ DateAdd関数で日数を加算して日付を求める

日付1のデータに日数を加えて日付2を求めるマクロを作成して、[日付の計算]ボタンのクリックで実行します。

	A	B	C	D	E	F	G
1							
2	日付1		2016/1/3			日付の計算	
3							
4	加算する日数		80				
5							
6	日付2		2016/3/23				

ファイル名 **try16**

- 日付の変数をDate型で宣言します。
- DateAdd関数で、日付に日数を加算した日付を求めます。
- 日付を変数に代入してからセルに表示します（変数を使用しないコードも作成できます）。

DateAdd関数

DateAdd(時間間隔, 追加する数, 日付)

DateAdd関数は、日付の数年後、数か月後、数日後の日付を求める関数です。
引数の「時間間隔」は、必ず追加する時間間隔を表す文字列式を指定します。yyyy（年）、m（月）、y（年間通算日）、d（日）、w（週日）、ww（週）、h（時）、n（分）、s（秒）を指定します。
引数の「追加する数」は、必ず追加する時間間隔の数を表す数式を指定します。将来の日時を取得するには、正の数を指定します。過去の日時を取得するには、負の数を指定します。
引数の「日付」は、必ず時間間隔を追加する日付を表すバリアント型の値または文字列を指定します。

Lesson 3 文字列を操作する

学習のポイント
- VBA関数で、文字列の文字数の調べ方を学びます。
- VBA関数で、文字列への操作の方法を学びます。
- VBA関数で、文字列の変換の方法を学びます。

　Excelでは、文字列を操作するVBA関数はとても充実しています。この文字列のVBA関数は、氏名や住所などのデータをセルやセル範囲で操作するときに必要になります。

　なお、Excelのワークシート関数にも、同じ名前の関数がありますが、書式が違うことがありますので注意してください。

Len関数で文字列の文字数を調べる

　B2セルの文字列のデータの文字数を調べてD2セルに代入するマクロを作成して、[文字数の計算] ボタンのクリックで実行します。

完成例

ファイル名 **rei08**

B2の文字数が表示される。　　　クリックすると…

　Len関数でB2セルの文字数を調べてD2セルに代入します。

```
Sub Macro1()
    Range("D2").Value = Len(Range("B2").Value)
End Sub
```

Len関数

Len(文字列)

Len関数は、指定した文字列の文字数を返します。
引数の「文字列」は、必ず任意の文字列式を指定します。

PART 3 Lesson 3 文字列を操作する

やってみよう！17 ▶▶ Mid関数で文字列から文字を取り出す

　B列の住所1の文字列データから「東京都」を取り除いてD列の住所2に代入するマクロを作成して、[文字列の操作] ボタンのクリックで実行します。

	A	B	C	D	E	F	G
1	郵便番号	住所1		住所2			
2	1020072	東京都千代田区飯田橋		千代田区飯田橋		文字列の操作	
3	1020082	東京都千代田区一番町					
4	1010032	東京都千代田区岩本町					
5	1010047	東京都千代田区内神田					
6	1000011	東京都千代田区内幸町					

 ファイル名 **try17**

 ヒント

●文字列の左の開始位置から最後まで文字を取り出すには、Mid関数を使用します。
●「東京都」で3文字ですので、4文字以降から最後までの文字列を取り出します。
●For～Nextステートメントで、処理を繰り返します。

 Mid関数

Mid(文字列, 開始位置[,文字数])
Mid関数は、文字列から指定した文字数分の文字列を返します。
引数の「文字列」は、必ず指定します。文字列を取り出す、元の文字列式を指定します。
引数の「開始位置」は、必ず長整数型（Long）の値を指定します。文字列の先頭の位置を1として、どの位置から文字列を取り出すかを先頭からの文字数で指定します。開始位置が文字列の文字数を超える場合、Mid 関数は長さ0の文字列 ("") を返します。

 Right関数／Left関数

Right(文字列, 文字数)
Left(文字列, 文字数)
Right関数は、文字列の右端から指定した文字数分の文字列を返します。
Left関数は、文字列の左端から指定した文字数分の文字列を返します。
引数の「文字列」は、必ず指定します。この文字列式の端から文字列を取り出します。
引数の「文字数」は、必ずバリアント型の値を指定します。取り出す文字列の文字数を表す数式を指定します。0を指定した場合は、長さ0の文字列 ("") を返します。引数の文字列の文字数以上の値を指定した場合は、文字列全体を返します。

やってみよう！18 ▶▶ LTrim関数で文字列の空白を取り除く

　B列の文字列データから不要な空白を取り除いてD列に代入するマクロを作成して、［文字列の操作］ボタンのクリックで実行します。

	A	B	C	D	E	F	G
1							
2		Excel2007		Excel2007		文字列の操作	
3		Excel2010					
4		Excel2013					
5		Excel2016					
6							

ファイル名 **try18**

ヒント
● 文字列から先頭のスペースを削除するにはLTrim関数を使用します。
● For～Nextステートメントで、処理を繰り返します。

書式　LTrim関数

LTrim(文字列)
LTrim関数は、指定した文字列から先頭のスペースを削除して返します。
引数の「文字列」は、必ず任意の文字列式を指定します。1バイト(半角)、2バイト(全角)にかかわらず、文字列の先頭のスペースを削除します。

書式　RTrim関数

RTrim(文字列)
RTrim関数は、指定した文字列から末尾のスペースを削除して返します。
引数の「文字列」は、必ず任意の文字列式を指定します。1バイト(半角)、2バイト(全角)にかかわらず、文字列の末尾のスペースを削除します。

書式　Trim関数

Trim(文字列)
Trim関数は、指定した文字列から先頭と末尾のスペースを削除して返します。
引数の「文字列」は、必ず任意の文字列式を指定します。1バイト(半角)、2バイト(全角)にかかわらず、文字列の先頭あるいは末尾のスペースを削除します。

PART 3 Lesson 3 文字列を操作する

やってみよう！19 ▶▶ Replace関数で文字列の文字を置き換える

　B列の文字列の「2013」を「2016」に置き換えてD列に代入するマクロを作成して、[文字列の置換え] ボタンのクリックで実行します。

	A	B	C	D	E	F	G
1							
2		Excel2013		Excel2016		文字列の置換え	
3		Excel2013基礎					
4		Excel2013応用					
5		Excel2013関数					
6		Excel2013VBA					

ファイル名 ▶ **try19**

- 文字列の文字を置き換えるReplace関数を使用します。
- For～Nextステートメントで、処理を繰り返します。

 Replace関数

Replace(文字列, 検索する文字列, 置き換える文字列)
Replace関数は、特定の文字列を指定した文字列に置き換えて返します。
引数の「文字列」は、必ず置き換える文字列を含む文字列式 を指定します。
引数の「検索する文字列」は、必ず指定します。
引数の「置き換える文字列」は、必ず指定します。

 **Replace関数で特定の文字列を削除する**

　Replace関数の文字列を置き換える機能を利用して、検索する文字列を空白に置き換えすることで特定の文字列を削除することができます。
　「やってみよう！18」のLTrim関数の「LTrim(Cells(X, 2).Value)」で空白を削除する部分を、Replace関数で「Replace(Cells(X, 2).Value, " ", "")」とすると同じように空白が削除できます。

やってみよう！20 ▶▶ StrConv関数で文字列を変換する

B列の大文字の「EXCEL」を小文字の「excel」に置き換えてD列に代入するマクロを作成して、[文字列の変換]ボタンのクリックで実行します。

	A	B	C	D	E	F	G
1							
2		EXCEL2016		excel2016		文字列の変換	
3		EXCEL2016基礎					
4		EXCEL2016応用					
5		EXCEL2016関数					
6		EXCEL2016VBA					

ファイル名 try20

ヒント

- 文字列を変換するStrConv関数を使用します。
- For〜Nextステートメントで、処理を繰り返します。

StrConv関数

StrConv（文字列, 変換の種類）

StrConv関数は、文字列を変換の種類で指定して変換をした文字列を返します。
引数の「文字列」は、必ず変換する文字列式を指定します。
引数の「変換の種類」は、必ず整数型 (Integer) の値または定数を指定します。

定数	値	変換の種類
vbUpperCase	1	アルファベットを大文字に変換
vbLowerCase	2	アルファベットを小文字に変換
vbProperCase	3	アルファベットの各単語の先頭の文字を大文字に変換
vbWide	4	半角文字を全角文字に変換
vbNarrow	8	全角文字を半角文字に変換
vbKatakana	16	ひらがなを全角カタカナに変換
vbHiragana	32	全角カタカナをひらがなに変換

PART 3 Lesson 3 文字列を操作する

やってみよう！21 ▶▶ Chr関数で文字列を改行する

　B列の住所1の文字列データから「東京都千代田区」の後に改行コードを入れてD列の住所2に代入するマクロを作成して、［文字列の改行］ボタンのクリックで実行します。

	A	B	C	D	E	F	G
1	郵便番号	住所1		住所2			
2	1020072	東京都千代田区飯田橋		東京都千代田区 飯田橋		文字列の改行	
3	1020082	東京都千代田区一番町					
4	1010032	東京都千代田区岩本町					
5	1010047	東京都千代田区内神田					
6	1000011	東京都千代田区内幸町					

ファイル名 **try21**

- Left関数で、先頭から7文字までのデータを取り出します。
- Mid関数で、8文字以降のデータを取り出します。
- Chr関数で、文字列を改行するコードを挿入します。
- 2つの文字列とChr(10)を&で連結します。
- For～Nextステートメントで、処理を繰り返します。

 Chr関数

Chr（文字コード）

Chr関数は、文字コードに対応する値を返します。
引数の「文字コード」は、必ず文字を特定するための長整数型 (Long) の値を指定します。「文字コード」は、通常0～255の範囲の値を指定しますが、ASCIIコードの0～31の範囲の文字は表示できません。この中には制御文字が含まれています。この制御文字を利用するとMsgBox 関数やInputBox関数などを使ってメッセージを表示するときに、文字列の中にタブや改行を含めることができます。

■よく利用される文字コード

Chr(9)	タブ
Chr(10)	ラインフィード
Chr(13)	キャリッジリターン

やってみよう！22 ▶▶ InStr関数で文字列中の文字を調べる

　B2セルのホームページのURLを調べて、ホームページが正しく表示できるURLは「ホームページを開きます。」と、URLが正しくないときは「URLが正しくありません。」と表示するマクロを作成して、[文字列の操作] ボタンのクリックで実行します。

	A	B	C	D	E	F	G
1							
2	URL	http://www.soft-j.com/				文字列の操作	
3							
4							
5							

ファイル名 **try22**

ヒント

- ●InStr関数は、指定した文字が見つからなかった場合には0を返します。
- ●「http://www.」の文字が文字列中にあるかどうかを調べます。
- ●If～ThenステートメントでInStr関数が0を返すかどうかで条件を分岐します。
- ●MsgBox関数で、それぞれのメッセージを表示します（MsgBox関数は128ページ参照）。

書式　InStr関数

InStr（[開始位置]、文字列, 検索する文字列）

InStr関数は、指定した文字が最初に見つかった位置を返し、文字が見つからなかった場合には0を返します。

引数の「開始位置」は省略可能です。検索の開始位置を表す数式を指定します。省略すると、先頭の文字から検索されます。

引数の「文字列」は、必ず検索対象となる文字列式を指定します。

引数の「検索する文字列」は、必ず文字列内で検索する文字列式を指定します。

ワンポイント▶▶ VBA関数を組み合わせて使用する

　「やってみよう！ 21」では「東京都千代田区」は必ず7文字でしたが、他の区ではこの方法は使用できません。そこで折り返す「区」や「市」の文字が、文字列中の何文字目にあるかをInStr関数（「やってみよう！ 22」）で調べてからLeft関数とMid関数で処理することができます。

　「やってみよう！ 21」の解答の「Left(Cells(X, 2).Value, 7)」の数値の「7」の部分を「Left(Cells(X, 2).Value, InStr(Cells(X, 2).Value, "区"))」と変更すると、InStr関数は7という数値を返しますので、同じ結果になります。

　これで「東京都新宿区」の場合も正常に折り返しコードが入ります。ただし、この方法ではデータの中に「区」の文字がないとInStr関数は0を返しますので注意が必要です。

PART 3　Lesson 3 文字列を操作する

やってみよう！23 ▶▶ Val関数で文字列から数値を取り出す

　半角の数値に円記号を付けて、Excelからは文字列と認識されているデータがあります。この文字列から数値を取り出すマクロを作成して、［文字列の操作］ボタンのクリックで実行します。

	A	B	C	D	E	F	G
1							
2		4500円		4500		文字列の操作	
3		2000円					
4		8000円					
5		12000円					
6		36000円					

ファイル名 **try23**

- 文字列から数値として有効なデータをVal関数で取り出します。
- For～Nextステートメントで、処理を繰り返します。

Val関数

Val(文字列)

Val関数は、文字列から数値として有効なデータを返します。なお、円記号（¥）やカンマ（,）などの通常は数値の一部とみなされる記号や文字も、数値として解釈しません。また、文字列中に含まれるスペース、タブ、ラインフィードは無視されます。
引数の「文字列」は、必ず任意の文字列式を指定します。文字列中に数字以外の文字が見つかると、Val関数は読み込みを中止します。

Lesson 4 数値を操作する

学習のポイント
- VBA関数のInt関数とFix関数について学びます。
- VBAでワークシート関数を利用する方法について学びます。

VBA関数では、数値を操作する関数はそれほど多くはありません。

これは、もともとVBA関数がマクロのコードで使用するために設計されているためです。数値を操作するVBA関数には、ワークシート関数では定番のSUM関数やCOUNNT関数もありません。

そのため、データの合計や平均を計算するにも、VBAのコードで記述しなければなりません。

このLessonでは、VBAのコードからExcelのワークシート関数を使用する方法を紹介します。

Excelの数値を操作するワークシート関数は、その種類と機能が豊富です。このワークシート関数は、VBAのコードからはWorksheetFunctionプロパティで利用することができます。

例題 09 Int関数とFix関数で整数を返す

B列のセルの数値のデータを、Int関数によりC列のセルに、Fix関数によりD列のセルに代入するマクロを作成して、［整数を返す］ボタンのクリックで実行します。

完成例

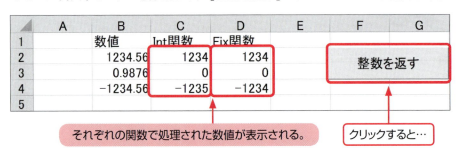

	A	B	C	D
1		数値	Int関数	Fix関数
2		1234.56	1234	1234
3		0.9876	0	0
4		-1234.56	-1235	-1234
5				

それぞれの関数で処理された数値が表示される。

クリックすると…

ファイル名 **rei09**

次のコードでは、Int関数とFix関数で小数部分を取り除いた整数を返してセルに代入しています。

ただし、負の数値の場合は、Int関数とFix関数では返す値が違ってきますので注意が必要です。

Int関数は、引数を超えない最大の負の整数を返します。これに対し、Fix関数は引数以上の最小の負の整数を返します。

```
Sub Macro1()
    Range("C2").Value = Int(Range("B2").value)
    Range("C3").Value = Int(Range("B3").value)
    Range("C4").Value = Int(Range("B4").value)

    Range("D2").Value = Fix(Range("B2").value)
    Range("D3").Value = Fix(Range("B3").value)
    Range("D4").Value = Fix(Range("B4").value)
End Sub
```

Int(数値)
Int関数は、小数部分を取り除いた整数を返します。
引数の「数値」は、必ず倍精度浮動小数点数型 (Double) の数値または任意の有効な数式を指定します。

Fix(数値)
Fix関数は、小数部分を取り除いた整数を返します。
引数の「数値」は、必ず倍精度浮動小数点数型 (Double) の数値または任意の有効な数式を指定します。

Round(数値[,桁数])
Round関数は、指定した小数点位置で丸めた数値を返します。
引数の「数値」は、必ず丸めを行う数式を指定します。
引数の「桁数」は、省略可能です。丸めを行う小数点以下の桁数を表す数値を指定します。桁数を省略すると、Round 関数は整数値を返します。

これ以外にも、数値を扱うVBA関数として、数値の絶対値を同じデータ型で返すAbs関数、乱数を返すRnd関数などがあります。

やってみよう！24 ワークシートのSumIf関数で条件を満たす金額を集計する

　売上明細表には、毎日の顧客や商品、担当者ごとの売上金額を入力してあります。この売上明細表から、顧客ごとの売上集計表を集計するマクロを作成して、［売上の集計］ボタンのクリックで実行します。

	A	B	C	D	E	F	G
1							
2						売上の集計	
3							
4							
5	月別売上明細表（4月分）						
6	番号	年月日	顧客	商品	個数	金額	担当者
7	1	4月1日	伊藤商事株式会社	テレビ	2	136,000	鈴木
8	2	4月1日	渡辺産業株式会社	エアコン	1	82,000	山本
9	3	4月2日	株式会社エコー	冷蔵庫	3	144,000	鈴木
10	4	4月3日	山本設計株式会社	エアコン	5	410,000	内田
11	5	4月3日	渡辺産業株式会社	電子レンジ	8	360,000	山本
12	6	4月5日	伊藤商事株式会社	冷蔵庫	2	96,000	鈴木
13	7	4月5日	渡辺産業株式会社	電子レンジ	4	180,000	山本
14	8	4月6日	山本設計株式会社	テレビ	3	204,000	内田
15	9	4月7日	株式会社サンリツ	エアコン	3	246,000	佐藤
16	10	4月7日	伊藤商事株式会社	洗濯機	2	76,000	鈴木
17							
18			顧客別売上集計表				
19				4月			
20			伊藤商事株式会社				
21			渡辺産業株式会社				
22			山本設計株式会社				
23			株式会社サンリツ				
24			株式会社エコー				
25			合計		0		

ファイル名 **try24**

- WorksheetFunctionプロパティでワークシート関数のSumIf関数を使用します。
- 顧客ごとの売上金額を集計するSumIf関数は、売上明細表の顧客のセル範囲が、売上集計表の顧客に一致する場合に、売上明細表の金額のセルの範囲の数値を合計します。
- VBAでワークシート関数を使用する場合は、Rangeプロパティを使用します。

PART 3　Lesson 4 数値を操作する

やってみよう！25　ワークシートのCountIf関数で条件に一致する個数を集計する

　売上明細表では、毎日の顧客や商品、担当者ごとの売上金額を入力してあります。この売上明細表から、商品ごとの売上集計表で売上回数を集計するマクロを作成して、[売上の回数] ボタンのクリックで実行します。

	A	B	C	D	E	F	G
1							
2						売上の回数	
3							
4							
5	月別売上明細表（4月分）						
6	番号	年月日	顧客	商品	個数	金額	担当者
7	1	4月1日	伊藤商事株式会社	テレビ	2	136,000	鈴木
8	2	4月1日	渡辺産業株式会社	エアコン	1	82,000	山本
9	3	4月2日	株式会社エコー	冷蔵庫	3	144,000	鈴木
10	4	4月3日	山本設計株式会社	エアコン	5	410,000	内田
11	5	4月3日	渡辺産業株式会社	電子レンジ	8	360,000	山本
12	6	4月5日	伊藤商事株式会社	冷蔵庫	2	96,000	鈴木
13	7	4月5日	渡辺産業株式会社	電子レンジ	4	180,000	山本
14	8	4月6日	山本設計株式会社	テレビ	3	204,000	内田
15	9	4月7日	株式会社サンリツ	エアコン	3	246,000	佐藤
16	10	4月7日	伊藤商事株式会社	洗濯機	2	76,000	鈴木
17							
18				商品別売上集計表（回数）			
19					4月		
20				テレビ			
21				エアコン			
22				冷蔵庫			
23				洗濯機			
24				電子レンジ			
25				合計	0		

ファイル名　**try25**

- **WorksheetFunction**プロパティでワークシート関数の**CountIf**関数を使用します。
- **CountIf**関数は、売上明細表の商品のセル範囲が、売上集計表の商品に一致する場合に、売上明細表のセルの個数を合計します。
- VBAでワークシート関数を使用する場合は、**Range**プロパティを使用します。

やってみよう！26 ▶▶ ワークシートのRank関数でランクを付ける

売上集計表では、毎月の顧客ごとの売上金額を集計してあります。この売上集計表から、顧客の売上順のランクを付けるマクロを作成して、[ランク]ボタンのクリックで実行します。

	A	B	C	D	E	F	G
1	顧客別売上集計表						
2		合計	順位			ランク	
3	伊藤商事株式会社	1,573,000					
4	渡辺産業株式会社	2,258,000					
5	山本設計株式会社	1,646,000					
6	株式会社サンリツ	547,000					
7	株式会社エコー	311,000					
8	合計	6,335,000					

ファイル名 **try26**

- **WorksheetFunction**プロパティでワークシート関数の**Rank**関数を使用します。
- **VBA**でワークシート関数を使用する場合は、**Range**プロパティを使用します。

WorksheetFunctionプロパティ

Aplication.WorksheetFunction.ワークシート関数名(引数)

Excelのワークシート関数を呼び出してVBAのコードで利用します。
「引数」はワークシート関数で使用されている引数を使用します。

PART 3　Lesson 5 Format関数で書式を操作する

Format関数で書式を操作する

Lesson 5

学習のポイント
- Format関数で、日付を和暦に変換する方法を学びます。
- Format関数で、日付を曜日に変換する方法を学びます。
- Format関数で、数値にカンマと円記号を付ける方法を学びます。

　VBA関数には、ワークシートのセルの書式を操作する関数も準備されています。
　ワークシートのセルの書式を変更するには、Excelから［セルの書式設定］ダイアログボックスを使用します。
　これに対し、Format関数は、数値や日付を指定した文字列を作成します。
　Format関数は、セルの書式を変換することができる応用範囲の広いVBA関数です。Excelのワークシートで利用する以外に、ユーザーフォームからデータを入力する場合にも、この関数が利用されます。

例題 10　Format関数で日付を和暦に変換する

　Format関数で連続している年月日のデータを和暦で表示するマクロを作成して、[和暦の表示]ボタンのクリックで実行します。

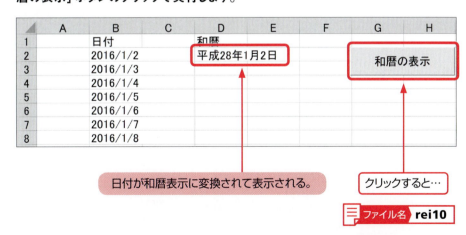

日付が和暦表示に変換されて表示される。

クリックすると…

ファイル名 **rei10**

　Format関数で、日付データを和暦に変換するには、「"ggge年m月d日"」が和暦のフォーマットを使用します。また「H26.01.01」と表示するには、「"ge.m.d"」のフォーマットを使用します。

```
Sub Macro1()
    Dim カウンタ As Integer        変数「カウンタ」の宣言

    For カウンタ = 2 to 8          For～Nextループで処理を繰り返す
        Cells(カウンタ, 4) = Format(Cells(カウンタ, 2).Value, "ggge年m月d日")
    Next
End Sub
```

 ## Format関数

Format(数値や日付[,書式])

Format関数は、数値や日付を指定した書式に変換して文字列を返します。
引数の「数値や日付」は、必ず任意の式を指定します。指定したデータは、引数「書式」の書式に従って変換されます。
引数の「書式」は省略可能です。定義済み書式または表示書式指定文字を指定します。

■Format関数の対象となる形式

数値	定義済み数値書式、または数値表示書式指定文字を使用します。
日付と時刻	定義済み日付/時刻書式、または日付/時刻表示書式指定文字を使用します。
日付と時刻のシリアル値	日付や時刻の形式または数値形式を使用します。
文字列	文字列表示書式指定文字を使用します。

■数値の表示書式指定文字（主なもの）

0	桁位置や桁数を指定します。値がない場合は0が入ります。
#	桁位置や桁数を指定します。値がない場合は何も入りません。
.(ドット)	小数点の位置を指定します。
,(カンマ)	区切り記号を指定します。
/	日付の区切り記号を指定します。
:(コロン)	時刻の区切り記号を指定します。
%	パーセント記号を指定します。

■日付と時刻の表示書式指定文字（主なもの）

d	日付を返します。(1～31)
dd	日付を2桁で返します。(01～31)
aaa	曜日を日本語で返します。(日～土)
aaaa	曜日を日本語で返します。(日曜日～土曜日)
m	月を表す数値を返します。(1～12)。
mm	月を表す数値を2桁で返します。(01～12)
oooo	月の名前を日本語で返します。(1月～12月)
g	年号の頭文字を返します。(M、T、S、H)
gg	年号の先頭の文字を漢字で返します。(明、大、昭、平)
ggg	年号を返します。(明治、大正、昭和、平成)
e	年号に基づく和暦の年を返します。
ee	年号に基づく和暦の年を2桁の数値で返します。
yy	西暦の年を2桁の数値で返します。(00～99)
yyyy	西暦の年を4桁の数値で返します。(100～9999)
h	時間を返します。(0～23)
hh	時間2桁で返します。(00～23)
m	分を返します。(0～59)
mm	分を2桁で返します。(00～59)
s	秒を返します。(0～59)
ss	秒を2桁で返します。(00～59)

PART 3　Lesson 5 Format関数で書式を操作する

 Format関数で日付を曜日に変換

　Format関数で連続している年月日のデータから曜日を表示するマクロを作成して、[曜日の表示]ボタンのクリックで実行します。

	A	B	C	D	E	F	G
1		日付		曜日			
2		2016/1/3		日曜日		曜日の表示	
3		2016/1/4					
4		2016/1/5					
5		2016/1/6					
6		2016/1/7					
7		2016/1/8					
8		2016/1/9					

　ファイル名 **try27**

ヒント
- Format関数で、日付データから曜日を取り出します。
- 曜日の表示書式指定文字は、"aaaa"になります。
- For〜Nextステートメントで、処理を繰り返します。

 Format関数で数値にカンマと円記号を付ける

　Format関数で金額にカンマ付と円記号を付けて文字列に変換するマクロを作成して、[金額の表示]ボタンのクリックで実行します。

	A	B	C	D	E	F	G
1		金額1		金額2			
2		3000		3,000円		金額の表示	
3		7670					
4		2300					
5		9000					
6		12300					
7		65300					
8		112000					

　ファイル名 **try28**

ヒント
- Format関数の数値表示書式指定文字は、"#,###円"を使用します。
- For〜Nextステートメントで、処理を繰り返します。

Lesson 6 MsgBox関数でユーザーにメッセージを表示する

学習のポイント
- MsgBox関数で、メッセージを表示する方法を学びます。
- MsgBox関数で、メッセージアイコンの利用方法を学びます。
- MsgBox関数で、処理を分岐する方法を学びます。

　MsgBox関数は、ユーザーにメッセージを表示するだけでなく、ユーザーから処理の許可を受け取ることのできるVBA関数です。このMsgBox関数を活用すると、優れたユーザーインターフェースのソフトウェアを作成できます。

例題 11　MsgBox関数で［OK］ボタンを使用する

　MsgBox関数で「タイトル」と「メッセージ」を表示して［OK］ボタンで閉じるマクロを作成して、［メッセージ］ボタンのクリックで実行します。

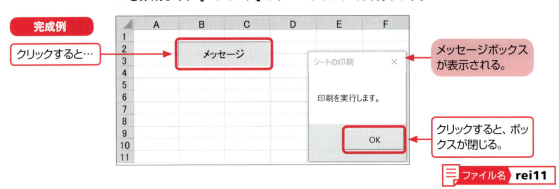

ファイル名 **rei11**

1 ▶▶ コードの入力

　このマクロは、ユーザーへメッセージを表示して確認を求めるだけで、セルやワークシートへの処理は実行しません。
　MsgBox関数は、戻り値がない場合は、かっこ（　）は必要がありませんが、戻り値が必要な場合はかっこ（　）を付けます。

```
Sub Macro1()
    MsgBox "印刷を実行します。", vbOKOnly, "シートの印刷"
End Sub
```

このコードでは、MsgBox関数からの戻り値を判定して、セルやワークシートへの処理を実行します。

MsgBox関数の[OK]ボタンは、戻り値として定数の「vbOK」または「1」の値を返します。

```
Sub Macro2()
    Dim 実行 As Integer              変数「実行」を宣言する
                                    変数にMsgBoxから値を返す
    実行 = MsgBox("印刷を実行します。", vbOKOnly, "シートの印刷")
    If 実行 = vbOK Then              [OK]ボタンがクリックされた場合
        Range("A1:E5").PrintOut     ワークシートが印刷される
    End If
End Sub
```

2 ▶▶ MsgBox関数

書式 MsgBox関数

MsgBox(文字列[,ボタン][,タイトル])

MsgBox関数は、ダイアログボックスにメッセージを表示して、ボタンがクリックされたとき、どのボタンがクリックされたかを示す値を返します。

引数の「文字列」は、必ずダイアログボックス内にメッセージとして表示する文字列を指定します。指定できる最大文字数は、1バイト文字で約1,024文字です。複数行を指定する場合は、キャリッジリターン(Chr(13))、ラインフィード(Chr(10))を改行する位置に挿入して行を区切ることができます。

引数の「ボタン」は省略可能です。表示されるボタンの種類と個数、使用するアイコンのスタイル、標準ボタン、メッセージボックスがモーダルかどうかなどを表す値の合計値を示す数式を指定します。省略すると、「ボタン」の既定値0になります。

引数の「タイトル」は省略可能です。ダイアログボックスのタイトルバーに表示する文字列を指定します。省略すると、タイトルバーにはアプリケーション名が表示されます。

■引数の説明

文字列	必須	ダイアログボックスに表示するメッセージを指定します。		
ボタン	省略可能	vbOKOnly	0	[OK]ボタンのみ
		vbOKCancel	1	[OK]、[キャンセル]ボタン
		vbAbortRetryIgnore	2	[中止]、[再試行]、[無視]ボタン
		vbYesNoCancel	3	[はい]、[いいえ]、[キャンセル]ボタン
		vbYesNo	4	[はい]、[いいえ]ボタン
		vbRetryCancel	5	[再試行]、[キャンセル]ボタン
タイトル	省略可能	ダイアログボックスのタイトルバーに表示する文字列を指定します。		

■MsgBox関数の戻り値の定数と値

定数	値	ボタンの種類	定数	値	ボタンの種類
vbOK	1	[OK]	vbRetry	4	[再試行]
vbCancel	2	[キャンセル]	vbIgnore	5	[無視]
vbAbort	3	[中止]	vbYes	6	[はい]
			vbNo	7	[いいえ]

3 ▶▶ MsgBox関数のアイコン

MsgBox関数では、メッセージと同時に表示するアイコンを選択することができます。

(1) 警告メッセージ

MsgBox "警告メッセージ。", vbOKOnly + vbCritical

(2) 問い合わせメッセージ

MsgBox "問い合わせメッセージ。", vbOKOnly + vbQuestion

(3) 注意メッセージ

MsgBox "注意メッセージ。", vbOKOnly + vbExclamation

(4) 情報メッセージ

MsgBox "情報メッセージ。", vbOKOnly + vbInformation

やってみよう！29 ▶▶ [OK] と [キャンセル] ボタンで処理を分岐する

　MsgBox関数で「印刷を実行します。」のメッセージの表示から [OK] または [キャンセル] ボタンで処理を分岐するマクロを作成して、[シートの印刷] ボタンのクリックで実行します。

　[OK] ボタンのクリックではワークシートの印刷を実行します。また [キャンセル] ボタンのクリックは、「キャンセルで印刷を中止します。」とメッセージを表示します。

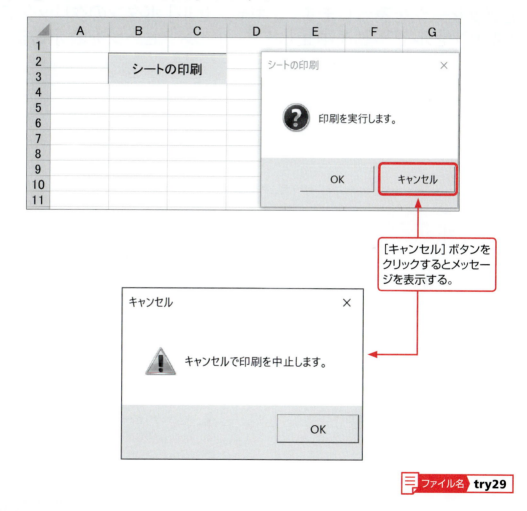

[キャンセル] ボタンをクリックするとメッセージを表示する。

ファイル名 **try29**

- MsgBox関数の [OK] ボタンは、定数の「vbOK」または「1」の値を返します。
- If～Thenステートメントで処理を分岐します。
- ワークシートの印刷は、**Range("A1:E5").PrintOut** で印刷します。

やってみよう！30 ▶▶ ［はい］［いいえ］と［キャンセル］ボタンで処理を分岐する

　MsgBox関数で「ワークシートを移動します。」のメッセージの表示から［はい］［いいえ］または［キャンセル］ボタンで処理を分岐するマクロを作成して、［シートの移動］ボタンのクリックで実行します。

　［はい］ボタンのクリックではワークシートのSheet2に移動します。［いいえ］ボタンのクリックでは、「移動を中止します。」とメッセージを表示します。［キャンセル］ボタンのクリックでは、「キャンセルで移動を中止します。」とメッセージを表示します。

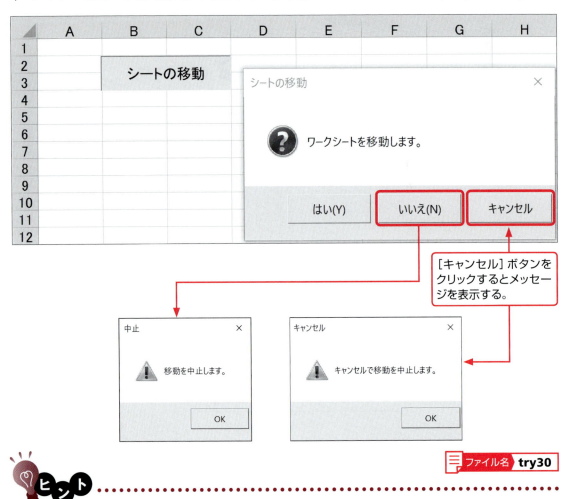

［キャンセル］ボタンをクリックするとメッセージを表示する。

ファイル名　try30

ヒント

- MsgBox関数の「はい」ボタンは、定数の「vbYes」または6の値を返します。
- MsgBox関数の「いいえ」ボタンは、定数の「vbNo」または7の値を返します。
- If～Thenステートメントで処理を分岐します。
- ワークシートの移動は、Worksheets("Sheet2").Selectで移動します。

Lesson 7 InputBox関数でユーザーが値を入力する

InputBox関数でユーザーが値を入力する

学習のポイント
- InputBox関数で、文字列を入力する方法を学びます。
- InputBox関数で、表示する文字列の改行方法を学びます。
- InputBox関数で、数値やパスワードを入力する方法を学びます。

　InputBox関数は、ユーザーが数値や文字列を入力するために使用するVBA関数です。

　この関数により、ユーザーが入力した数値や文字列を、ワークシートのセルや変数に代入することができます。さらに、InputBox関数は、パスワードの入力にも利用できる便利な関数です。

例題12 InputBox関数で文字列を入力する

　InputBox関数で「氏名を入力してください。」を表示し、データを入力するメッセージボックスのマクロを作成して、[氏名の入力]ボタンのクリックで実行します。

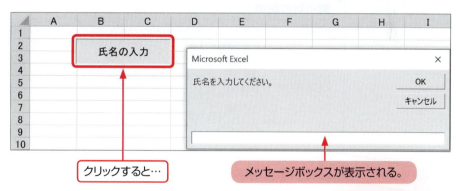

ファイル名 **rei12**

```
Sub Macro1()
    InputBox ("氏名を入力してください。")
End Sub
```

この次に

```
MsgBox InputBox ("氏名を入力してください。")
```

とすると、InputBox関数で入力された文字列が、すぐにMsgBox関数で表示されます。

書式 Inputbox関数

InputBox(メッセージ,[タイトル],[文字列],[左端の距離],[上端の距離])

Inputbox関数は、テキストボックスのダイアログボックスを表示して、入力された値を返します。
引数の「メッセージ」は、必ずダイアログボックス内にメッセージとして表示する文字列を指定します。指定できる最大文字数は、1バイト文字で約1,024文字です。複数行を指定する場合は、キャリッジリターン(Chr(13))、ラインフィード (Chr(10))を改行する位置に挿入して行を区切ることができます。
引数の「タイトル」は省略可能です。ダイアログボックスのタイトルバーに表示する文字列を指定します。省略すると、タイトルバーにはアプリケーション名が表示されます。
引数の「文字列」は省略可能です。ユーザーが何も入力しない場合に、テキストボックスに既定値として表示する文字列を指定します。省略すると、テキストボックスには何も表示されません。
引数の「左端の距離」は省略可能です。画面の左端からダイアログボックスの左端までの水平方向の距離を、twip単位で示す数式を指定します。省略すると、ダイアログボックスは水平方向に対して画面の中央の位置に配置されます。
引数の「上端の距離」は省略可能です。画面の上端からダイアログボックスの上端までの垂直方向の距離を、twip単位で示す数式を指定します。省略すると、ダイアログボックスは垂直方向に対して画面の上端から約1/3の位置に配置されます。

■引数の説明

項目	必須/省略	説明
メッセージ	必須	ダイアログボックスに表示するメッセージを指定します。
タイトル	省略可能	ダイアログボックスに表示するタイトルを指定します。
文字列	省略可能	テキストボックスに既定値として表示する文字列を指定します。
左端の距離	省略可能	画面の左端からダイアログボックスの左端までの距離を指定します。
上端の距離	省略可能	画面の上端からダイアログボックスの上端までの距離を指定します。
ヘルプファイル	省略可能	ダイアログボックスの[ヘルプ]ボタンから開くヘルプファイルを指定します。

ワンポイント▶▶ 改行コードの入力

表示する文字列が長い場合は、制御文字を挿入して改行をすることができます（Chr関数は117ページを参照）。

InputBox ("氏名を入力してください。" & Chr(13) & "名字と名前の間は1文字空けます。")

Lesson 7 InputBox関数でユーザーが値を入力する

やってみよう！31 データを数値で入力する

　InputBox関数で、氏名の横のB列に点数を連続して入力するマクロを作成して、［点数の入力］ボタンのクリックで実行します。入力する一人ごとに「○○さんの点数は」とメッセージを表示します。点数は数値で入力しますが、誤って文字を入力したときは、点数は0点になって、不正なデータの入力ができないようにします。

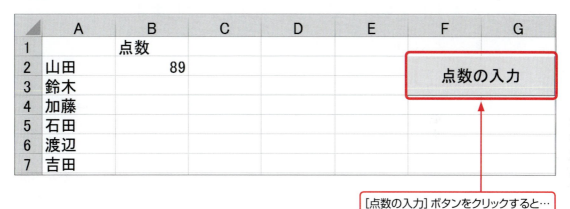

［点数の入力］ボタンをクリックすると…

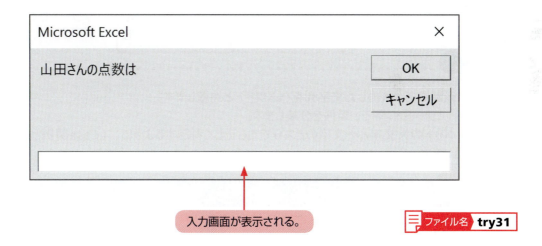

入力画面が表示される。

ファイル名 **try31**

- For～NextステートメントとInputBox関数を組み合わせて連続入力します。
- 氏名をInputBox関数の表示する文字列と&で結合して「○○さんの点数は」とメッセージを表示します。
- 誤って文字列を入力した場合は、Val関数でデータは入力されず0点になるようにします。

やってみよう！32　パスワードを入力して判定する

　InputBox関数で、パスワードを入力するマクロを作成して、［パスワード入力］ボタンのクリックで実行します。入力したパスワードが「abcd」と一致すれば「正しいパスワードです。」、一致しなければ「間違ったパスワードです。」とメッセージを表示します。
　パスワードは、アルファベットの大文字「ABCD」と小文字「abcd」のどちらで入力しても正しく判定されることにします。

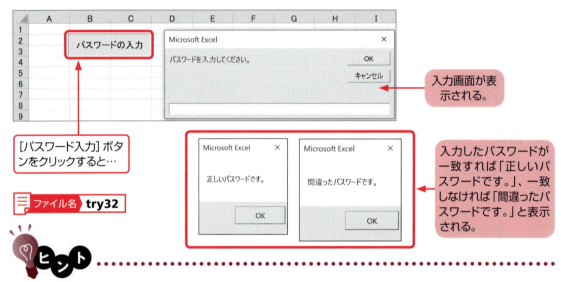

ファイル名　**try32**

ヒント

- InputBox関数で、入力した文字列をパスワードと比較します。
- If～Thenステートメントで、条件を分岐します。
- アルファベットの大文字と小文字のどちらででも正しく判定するように、LCase関数とUCase関数を使用します。

LCase関数

LCase（文字列）
LCase関数は、アルファベットの大文字を小文字に変換します。
引数の「文字列」は、必ず任意の文字列式を指定します。大文字だけが小文字に変換されます。大文字のアルファベット以外の文字は影響を受けません。

UCase関数

UCase（文字列）
UCase関数は、アルファベットの小文字を大文字に変換します。
引数の「文字列」は、必ず任意の文字列式を指定します。小文字だけが大文字に変換されます。小文字のアルファベット以外の文字は影響を受けません。

Lesson 8 その他のVBA関数

学習のポイント
- その他のVBA関数の概要について学びます。
- IsEmpty関数でセルが空白かどうか調べる方法を学びます。
- Dir関数でファイルを検索する方法を学びます。

VBA関数には、日付や時間の操作、文字列の操作、数値の操作の他にもいろいろな機能を持ったものがありますので、このLessonではその一部を紹介します。

評価関数	IsNull関数	データがNull値かどうかを調べます。
	IsNumeric関数	データが数値かどうかを調べます。
	IsDate関数	データが日付かどうかを調べます。
	IsArray関数	データが配列かどうかを調べます。
	IsEmpty関数	データがEmpty値かどうかを調べます。
	IsError関数	データがエラー値かどうかを調べます。
	IsMissing関数	省略可能な引数がユーザー定義プロシージャに渡されたかどうかを調べます。
	IsObject関数	識別子がオブジェクトへの参照かどうかを調べます。
	TypeName関数	変数に関する情報を調べます。
その他のVBA関数	LBound関数	配列のインデックス番号の最小値を返します。
	UBound関数	配列のインデックス番号の最大値を返します。
	Array関数	指定された要素からバリアント型の配列を作ります。
	CreateObject関数	ActiveX オブジェクトへの参照を作成して返します。
	Dir関数	指定したファイルまたはフォルダの名前を返します。
	Shell関数	Windowsのプログラムを実行します。

やってみよう！33　IsEmpty関数でセルを調べる

　毎日の売上表のうち売上金額のない日を判定して、その日に文字列の"******"を代入するマクロを作成して、［空白の判定］ボタンのクリックで実行します。

	A	B
1		
2	年月日	売上金額
3	4月1日	23,400
4	4月2日	
5	4月3日	45,700
6	4月4日	39,900
7	4月5日	
8	4月6日	40,001
9	4月7日	40,002
10	4月8日	
11	4月9日	40,004
12	4月10日	40,005

［空白の判定］ボタン（E2:F2）を配置

［空白の判定］ボタンをクリックすると…

	A	B
1		
2	年月日	売上金額
3	4月1日	23,400
4	4月2日	******
5	4月3日	45,700
6	4月4日	39,900
7	4月5日	******
8	4月6日	40,001
9	4月7日	40,002
10	4月8日	******
11	4月9日	40,004
12	4月10日	40,005

売上金額のない日に"******"を代入する。

ファイル名　**try33**

ヒント

- セルの値の有無は、IsEmpty関数で判定します。
- IsEmpty関数がTrueを返すときは、セルに文字列を代入します。
- For～Nextステートメントで、売上金額のセルを順番に判定します。

書式　IsEmpty関数

IsEmpty(変数)

IsEmpty関数は、値が空白であるときにTrueを返します。
引数の「変数」は、必ず数式または文字列を含むバリアント型 (Variant) の式を指定します。
IsEmpty関数は単独の変数について、その変数が初期化されているかどうかを調べる関数なので、引数には1つの変数名を指定します。指定した変数が初期化されていない場合、またはEmpty値の場合に、真(True) を返します。それ以外の場合は、偽(False)を返します。

PART3 Lesson 8 その他のVBA関数

やってみよう！34　Dir関数でファイルを検索する

　B2セルのファイル名のファイルを、現在開いているフォルダ内を検索して結果を返すマクロを作成して、［ファイル検索］ボタンのクリックで実行します。ファイルが見つかった場合は「○○ファイルが見つかりました。」と、見つからない場合は「○○ファイルは見つかりません。」とメッセージを表示します。

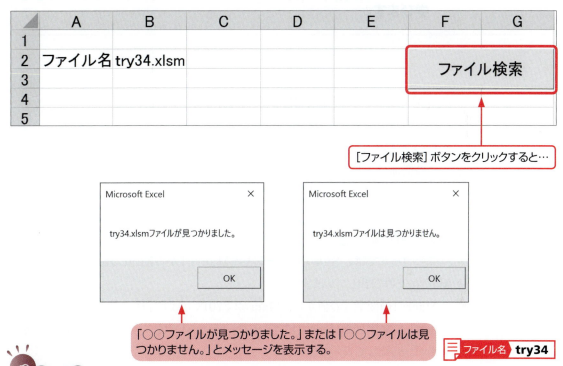

- Dir関数は、引数のファイル名を検索して見つかった場合は、そのファイル名を返します。
- If～Thenステートメントで、処理を分岐します。
- ファイル名とメッセージを、&で連結します。

書式　Dir関数

Dir[(ファイル名[,ファイルの属性])]

Dir関数は、引数で指定したファイル名と一致した最初のファイル名を返します。
引数の「ファイル名」は省略可能です。ファイル名やフォルダ名を表す文字列を指定します。フォルダ名およびドライブ名も含めて指定できます。指定したファイルが見つからないときは、長さ0の文字列 (" ") を返します。
引数の「ファイルの属性」は省略可能です。取得するファイルが持つ属性の値の合計を表す数式または定数を指定します。省略すると、標準ファイルの属性になります。

Lesson 9 ユーザー定義関数で処理をする

学習のポイント
- ユーザー定義関数を使って、売上によりランクを表示する方法を学びます。
- ユーザー定義関数を使って、点数により成績を判定する方法を学びます。

　このLessonでは、ワークシート関数とVBA関数では実行できない処理を、Functionプロシージャを利用して実行するユーザー定義関数について学びます。

　VBAのSubプロシージャとFunctionプロシージャの違いは、Functionプロシージャが他のプロシージャから値を受け取って、処理の結果を返すことができることです。

　この機能は、Excelの組み込み関数であるワークシート関数とVBAのプログラムで使用するVBA関数が引数を受け取って処理の結果を返す仕組みと同じです。そのため、ユーザー自身が作成したFunctionプロシージャのことをユーザー定義関数とも呼びます。

　このコードでは、SubプロシージャのMacro1からFunctionプロシージャのMacro2を呼び出しています。

　Macro1の変数Xの値から、Macro2で70以上は「合格」70未満は「不合格」を判定して文字列をMacro1に返します。Macro1では、「合格」または「不合格」をメッセージとして表示します。

```
Sub Macro1()
    Dim X As Long
    Dim Y As String
    X = 80
    Y = Macro2(X)
    MsgBox Y
End Sub
```

```
Function Macro2(Z As Long) As String
    If Z>=70 Then
        Macro2 = "合格"
    Else
        Macro2 = "不合格"
    End if
End Function
```

ユーザー定義関数としてのFunctionプロシージャは、通常は宣言したモジュールがあるExcelのファイルからしか利用できません。しかし、FunctionプロシージャがあるファイルをアドインとしてExcelに登録すると、他のExcelファイルからも登録したFunctionプロシージャを利用することができます。

手順1

［名前を付けて保存］ダイアログボックスから、［ファイルの種類］を［Excelアドイン(*.xlam)］にしてファイルを保存します。

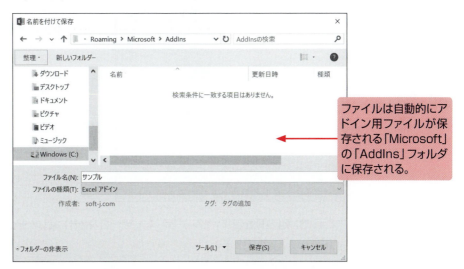

ファイルは自動的にアドイン用ファイルが保存される「Microsoft」の「AddIns」フォルダに保存される。

手順2

［Excelのオプション］ダイアログボックスから［アドイン］を選択し、［アドイン］の［名前］から、ファイル名を選択して［設定］ボタンをクリックします。

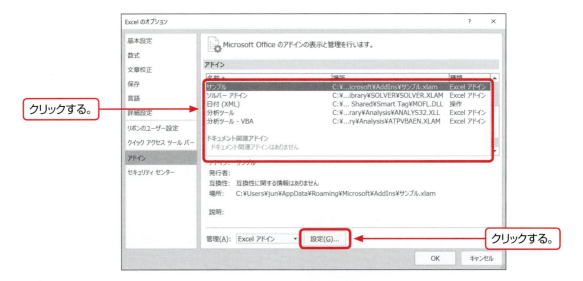

クリックする。

クリックする。

手順3

［アドイン］ダイアログボックスの［有効なアドイン］から、ファイル名を選択します。

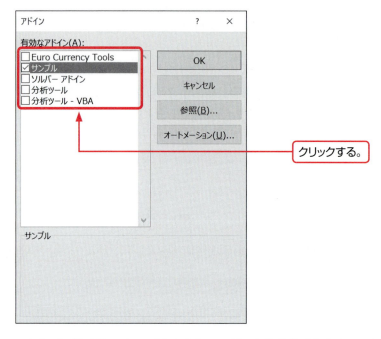

これで、他のExcelファイルからもユーザー自身が作成したFunctionプロシージャが利用することができます。

PART3 Lesson 9 ユーザー定義関数で処理をする

やってみよう！35 ユーザー定義関数で売上によりランクを表示する（やってみよう9より）

　B2からB7セルの売上金額から該当するランクを判定してからD2からD7セルに表示するマクロを作成して、［ランク判定］ボタンのクリックで実行します。

　売上金額が1,000,000円以上の「Aランクです」から、200,000円未満の「ランク外です」までを表示するコードをユーザー定義関数で作成します。

	A	B	C	D	E	F	G
1		売上金額		ランク			
2	山田	1239000		Aランクです		ランク判定	
3	鈴木	894000					
4	加藤	670000					
5	石田	420000					
6	渡辺	1080000					
7	吉田	120000					
8							
9							
10		A	1000000				
11		B	800000				
12		C	600000				
13		D	400000				
14		E	200000				

判定が表示される。　　［ランク判定］ボタンをクリックすると…

ファイル名 **try35**

- Functionプロシージャは、引数はLong型で戻り値はString型になります。
- Functionプロシージャは、Select Caseステートメントの条件分岐で処理します。
- For〜Nextステートメントで、処理を繰り返します。

やってみよう！36 ユーザー定義関数で点数により成績を判定する（やってみよう10より）

　B列のセルに点数のデータがある間は、点数を判定してからD列のセルに判定結果を表示するマクロを作成して、[成績判定] ボタンのクリックで実行します。

　点数により90点以上は「優です」、80点以上は「良です」、70点以上は「可です」、70点未満は「不可です」と判定して表示するコードをユーザー定義関数で作成します。

ファイル名 **try36**

- Functionプロシージャは、引数はInteger型で戻り値はString型になります。
- Functionプロシージャは、If～Thenステートメントの条件分岐で処理します。
- Do～Loopステートメントで、処理を繰り返します。

PART 4

セルの操作

▶▶ Lesson 1　　セルとセル範囲を選択する
▶▶ Lesson 2　　セルとセル範囲のコピーと消去をする
▶▶ Lesson 3　　セルの書式設定（1）文字の種類と
　　　　　　　　　　　　　　　　　セルの色
▶▶ Lesson 4　　セルの書式設定（2）セルの表示形式
▶▶ Lesson 5　　セルの書式設定（3）セル範囲の罫線
▶▶ Lesson 6　　行と列やセル範囲の挿入と削除をする
▶▶ Lesson 7　　行と列の非表示と再表示をする

セルとセル範囲を選択する

学習のポイント
- セルとセル範囲の行数参照と選択の方法を学びます。
- 行と列の選択や行数と列数を取得する方法を学びます。
- セルとセル範囲に値と数式を代入する方法を学びます。

VBAによりワークシートのセルの操作をするには、最初に操作をするセルまたはセル範囲を選択して、データが入力されているセルの行数と列数やデータがあるセル範囲の最終行と最終列の情報が必要となります。

セルまたはセル範囲のRangeオブジェクトでは、RangeプロパティとCellsプロパティのどちらかを使用しますが、この使い分けがセル操作のポイントになります。

1 ▶▶ Rangeプロパティでセルを参照する

セルまたはセル範囲に対してVBAで操作するには、VBAの操作の対象となるセルまたはセル範囲であるRangeオブジェクトを参照する必要があります。

最初に、RangeオブジェクトとRangeプロパティについて説明します。

 Rangeプロパティ

Worksheetオブジェクト.Range(セル範囲)

Rangeプロパティは、セルまたはセル範囲を返します。
1つのセルまたはセル範囲を表すRange オブジェクトを取得するには、Rangeプロパティを使用します。
引数の「セル範囲」には、範囲の名前を指定します。「セル範囲」には、範囲を表す演算子 (:)、共通部分を表す演算子（スペース）または複数の範囲を表す演算子 (,) を利用することができます。

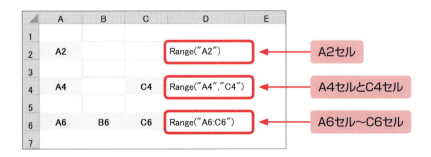

2 ▶▶ Cellsプロパティでセルを参照する

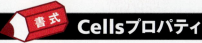

Worksheetオブジェクト.Cells(行番号、列番号)

Cellsプロパティは、指定したセルを返します。
1つのセルを取得するには、Cells(行番号、列番号) プロパティを使用します。

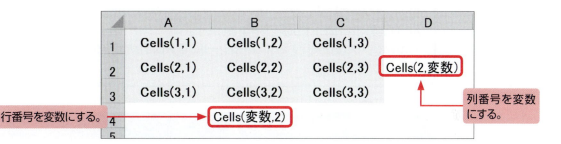

行番号を変数にする。
列番号を変数にする。

　次のコードは、A2のセルの内容を、メッセージボックスに表示します。RangeプロパティとCellsプロパティとの差を比較してみましょう。

```
Sub Macro1()
    MsgBox Range("A2").Value
End Sub
```

```
Sub Macro1()
    MsgBox Cells(2, 1).Value
End Sub
```

　「Cells.Select」のように、Cellsプロパティで引数を指定しないと、ワークシートのすべてのセルを参照することができます。
　ここではRangeプロパティとCellsプロパティは、Worksheetオブジェクトの記述を省略しています。

RangeプロパティとCellsプロパティの違い

　Rangeプロパティは、Excelの数式バーのセルの表記をそのままセル範囲として指定しますので、セルの位置がすぐにわかります。また、一つのセルからセル範囲まで参照することができますので、セル範囲のすべてのセルに対して一括して処理を実行することができます。
　これに対して、Cellsプロパティは、行番号と列番号の数値として指定しますので、1つのセルしか参照ができません。しかし、行番号と列番号のどちらかまたは両方を変数として、For～NextステートメントやDo～Loopステートメントと組み合わせてセルへの操作を連続して実行することができます。
　VBAでは、RangeプロパティとCellsプロパティは、実行する処理に応じて、コードの中で使い分けることが効率の良い処理のポイントになります。

3 ▶▶ ActivateメソッドとSelectメソッドでセルを選択する

　セルまたはセル範囲の情報を取得したら、VBAで操作を実行するためにそのセルまたはセル範囲を選択します。セルまたはセル範囲を選択するには、Activateメソッドとselectメソッドがあります。

Activateメソッド
Rangeオブジェクト. Activate
Activateメソッドは、1つのセルを選択します。
Activateメソッドを実行すると、ワークシートの選択したセルがアクティブセルになります。

Selectメソッド
Rangeオブジェクト. Select
Selectメソッドは、1つのセルまたはセル範囲を選択します。
Select メソッドを実行すると、ワークシートの選択したセルまたはセル範囲がアクティブセルになります。

　ActivateメソッドとSelectメソッドの例を比較してみましょう。

```
Sub Macro1()
    Range("A2").Activate        A2セルをアクティブセルにする
End Sub
```

```
Sub Macro1()
    Range("A6:C6").Select       A6からC6のセル範囲をアクティブセルにする
End Sub
```

	A	B	C	D
1				
2	A2			Range("A2").Activate
3				
4		B4		Cells(4,2).Activate
5				
6	A6	B6	C6	Range("A6:C6").Select

1つのセルを選択では、ActivateメソッドとSelectメソッドは同じになる。

　Activateメソッドは、上記のとおり、ワークシートの選択したセルをアクティブセルにします。ActiveCellプロパティは、アクティブセルになっているセルに対して処理をすることができます。
　次のコードは、A2セルをアクティブセルにしてから、セルの値を削除します。

```
Sub Macro1()
    Range("A2").Activate
    ActiveCell.ClearContents
End Sub
```

　Selectメソッドは、ワークシートの選択したセルまたはセル範囲をアクティブセルにします。Selectionプロパティは、アクティブセルになっているセルまたはセル範囲に対して処理をすることができます。

　次のコードは、A6からC6のセル範囲をアクティブセルにしてから、セル範囲の書式を削除します。

```
Sub Macro1()
    Range("A6:C6").Select
    Selection.ClearFormats
End Sub
```

ActiveCellプロパティ

ActiveCell
現在選択されているアクティブセルを参照します。
セル範囲がすでに選択されている場合は、アクティブセルは白抜きになります。

Selectionプロパティ

Selection
現在選択されてアクティブになっているセル範囲を参照します。

4 ▶▶ Offsetプロパティで相対的なセルの位置を選択する

　セルを選択するには、1つの基準となるセルから上下のセルおよび左右のセルを相対的に指定するRangeオブジェクトのOffsetプロパティを使用する方法もあります。

Offsetプロパティ

Rangeオブジェクト. Offset(行の移動数,列の移動数)
「行の移動数」は、数値が正の場合は下に、負の場合は上を指定します。
「列の移動数」は、数値が正の場合は右に、負の場合は左を指定します。

次のコードは、B3セルから1列右で1行下のC4セルをアクティブセルにします。

```
Sub Macro1()
    Range("B3").Offset(1, 1).Select
End Sub
```

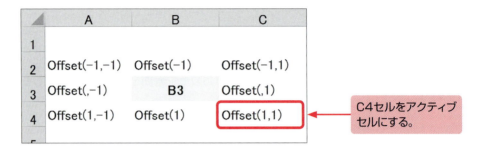

C4セルをアクティブセルにする。

5 ▶▶ Rowsプロパティで行を、Columnsプロパティで列を選択する

　VBAによるセルの操作では、指定した行または列のセルのすべてのデータを処理の対象とすることがあります。この場合は、Rowsプロパティで行を、Columnsプロパティで列を選択することができます。

 Rowsプロパティ

Worksheetオブジェクト. Rows(行番号)
Rangeオブジェクト. Rows(行番号)
Rowsプロパティは、指定されたワークシートまたはセル範囲の行を返します。オブジェクトを省略するとWorksheetオブジェクトが記述されたことになりワークシートの全体の行が処理の対象になります。Rangeオブジェクトを記述すると、選択した範囲の行が処理の対象となります。

　「Rows("2:4").Select」の場合には、ワークシートの全体から2行目から4行目が選択され、「Selection.Rows("2:4").Select」の場合には、選択したセル範囲で2行目から4行目が選択されます。

 Columnsプロパティ

Worksheetオブジェクト. Columns(列番号)
Rangeオブジェクト. Columns(列番号)
Columnsプロパティは、指定されたワークシートまたはセル範囲の列を返します。オブジェクトを省略するとWorksheetオブジェクトが記述されたことになりワークシートの全体の列が処理の対象になります。Rangeオブジェクトを記述すると、選択した範囲の列が処理の対象となります。

「Columns("B:C").Select」の場合には、ワークシートの全体から2列目から4列目が選択され、「Selection.Columns("B:C").Select」の場合には、選択したセル範囲内で2列目から4列目が選択されます。

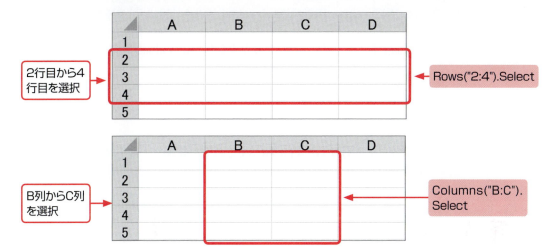

セルの操作では、選択したセル範囲内で行と列の番号から1行または1列ごとにデータ処理をする場合があります。

このような処理には、RowプロパティまたはColumnプロパティを利用します。

Rowプロパティ／Columnプロパティ

Rangeオブジェクト.Row
Rangeオブジェクト.Column

Rowプロパティは、セル範囲の行の番号を返します。
Columnプロパティは、セル範囲の列の番号を返します。

6 ▸▸ Valueプロパティでセルに値を入力する

選択したセルまたはセルの範囲に、値を入力するにはRangeオブジェクトのValueプロパティと=（代入演算子）を使用します。

Valueプロパティ

Rangeオブジェクト.Value=数値
Rangeオブジェクト.Value="文字列"
Rangeオブジェクト.Value=#月/日/年#

Valueプロパティは、指定したセルまたはセル範囲に、数値や文字列または年月日のデータを入力します。さらに、セルまたはセル範囲に、別のセルまたはセル範囲のデータを代入することもできます。

セルに値を入力するコードを3つ示します。

```
Range("A1").value=1000              数値の1000を入力する
Range("A1").value="1000"            文字列の1000を入力する
Range("A1").value= Range("B1").value  セルA1にセルB1の値を代入する
```

セル範囲に同じデータを一括して入力するのにも、Valueプロパティが利用できます。

```
Sub Macro1()
    Range("A1:C3").Value = "テキスト"
End Sub
```

このマクロを実行するとA1からC3までのセル範囲に一括して同じデータを入力できます。

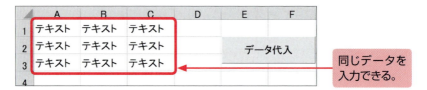

同じデータを入力できる。

ワンポイント▶▶ 変数と配列にセルの値を代入するValueプロパティ

VBAでは、変数と配列にセルの値を代入するのにValueプロパティを使用します。

変数= Rangeオブジェクト.Value

```
Dim X As Integer
X=Range("A1").value     変数XにA1セルの値を代入する
Range("A1").value=X     A1セルに変数Xの値を代入する
```

7 ▶▶ Formulaプロパティでセルに数式を入力する

VBAではセルまたはセルの範囲に入力できるのは値だけではありません。Formulaプロパティを利用するとセルまたはセル範囲に数式を入力することができます。

 Formulaプロパティ

Rangeオブジェクト. Formula="=数式"

Valueプロパティがセルまたはセル範囲に値を入力するのに対して、Formulaプロパティは、セルまたはセル範囲に数式や関数を入力するのに使用します。
Range("A3").Formula="=A1+A2"を実行すると、A3セルに=A1+A2の数式を記述したのと同じ結果になります。

PART 4　Lesson 1 セルとセル範囲を選択する

FormulaR1C1プロパティ

Rangeオブジェクト. FormulaR1C1="=数式"

FormulaR1C1プロパティは、セルにR1C1の参照形式で相対参照の数式を入力します。
FormulaR1C1プロパティの参照形式は、指定したセルから行番号と列番号で他のセルの位置を指定することができます。

相対参照と絶対参照

Excelの入門書には必ず出てくる相対参照と絶対参照ですが、ここで再度確認をしておきます。

●相対参照

「=B2」のように相対参照の数式を使用すると、その数式が入力されているセルから参照するセルが決まります。この数式のセルをコピーした場合には、参照するセルも変更されます。

C2セルにある相対参照の数式を、C3セルとC4セルにコピーすると、=B2の数式は自動的に=B3と=B4に変更されます。

	A	B	C	D
1				
2		1,000	1,000	=B2
3		2,000	2,000	=B3
4		3,000	3,000	=B4

B2をB3・B4にコピーする。

★絶対参照

「=$B$2」のように絶対参照の数式を使用すると、指定したセルが必ず参照されます。この数式のセルをコピーしても、絶対参照では参照するセルは変更されません。

C2セルにある絶対参照の数式を、C3セルとC4セルにコピーすると、C3セルとC4セルの数式も絶対参照の=$B$2になります。

	A	B	C	D
1				
2		1,000	1,000	=$B$2
3		2,000	1,000	=$B$2
4		3,000	1,000	=$B$2

B2をB3・B4にコピーする。

例題 13 表全体を選択して最後のセルを取得する

B2セルがある住所録の表を選択します。この表の行数を調べるマクロを作成して、[表全体の選択]ボタンのクリックで実行します。さらに選択した表の最下行のセルを選択するマクロを作成して、[最下行の選択]ボタンのクリックで実行します。

完成例

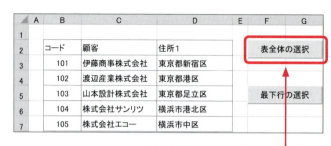 

[表全体の選択]ボタンをクリックすると表全体が選択される。

[表全体の選択]ボタンをクリックすると、表の行数を知らせるメッセージが表示される。

ファイル名 rei13

　Selectメソッドでは、指定したセルの範囲を選択できますが、ワークシートの操作では、データが入力されている表全体を選択する場合があります。

　さらに、VBAによるデータベース処理では、選択した表にあるデータ数を取得することが必要になります。

```
Sub Macro1()
    Range("B2").CurrentRegion.Select           B2セルがある表全体を選択する
    MsgBox Selection.Rows.Count & "行の表です"  選択された表の行数を表示する
End Sub
```

書式 CurrentRegionプロパティ

Rangeオブジェクト. CurrentRegion

CurrentRegionプロパティは、アクティブセル領域（空白行と空白行に囲まれた表全体）を選択します。

```
Sub Macro2()
    Range("B2").End(xlDown).Select       B2セルがある表の最下行を選択する
End Sub
```

　Selectメソッドは、ワークシート内のセルまたはセル範囲を指定して選択することができます。これに対して、CurrentRegionプロパティは、指定したセルを含む値があるセル範囲を選択することができます。

PART 4 Lesson 1 セルとセル範囲を選択する

やってみよう！37 ▶▶ データがない空白のセルを選択する

売上集計表から空白のセルを選択してから、数値の0を代入するマクロを作成して、[空白セルの選択]ボタンのクリックで実行します。
（このマクロでは、表に空白のセルがなかった場合のエラー処理は省略します）

	A	B	C	D	E	F	G
1							
2	顧客別売上集計表	4月	5月	6月		空白セルの選択	
3	伊藤産業株式会社	415,000		567,000			
4	渡辺商事株式会社		908,000				
5	山本設計株式会社	312,000		435,000			
6	株式会社サンリツ	665,000	780,000				
7	株式会社エコー		234,000	140,000			

 ファイル名 **try37**

- **CurrentRegionプロパティ**で、表全体を選択します。
- 表全体から**SpecialCellsメソッド**で、空白のセルを選択します。
- **Selection.Valueプロパティ**で、選択したセルに「0」を代入します。

 書式 **SpecialCellsメソッド**

Rangeオブジェクト. SpecialCells(セルの種類)
SpecialCellsメソッドは、一定の条件のセルだけを選択することができます。

■セルの種類（主なもの）

xlCellTypeBlanks	空白のセル
xlCellTypeConstants	定数のセル
xlCellTypeFormulas	数式のセル
xlCellTypeLastCell	セル範囲内の最後のセル

SpecialCellsメソッドは、空白のセルだけでなく数値や文字列の入ったセルや数式のあるセルを指定して処理をすることもできます。SpecialCellsメソッドで、指定した条件のセルを選択できなかった場合には、VBAのエラーメッセージが発生します。

やってみよう！38 ▶▶ データがある最終行と最終列を取得する

　売上表からデータの件数を調べるために最終行の行数を取得します。最終行の行数をメッセージで表示するマクロを作成して、［最終行の取得］ボタンのクリックで実行します。同時に、売上表の最終列の列数も取得してメッセージで表示します。

	A	B	C	D	E	F	G
1	月別売上明細表（4月分）						
2	番号	年月日	顧客	金額		最終行の取得	
3	1	4月1日	伊藤産業株式会社	43,000			
4	2	4月1日	渡辺商事株式会社	67,000			
5	3	4月1日	株式会社エコー	88,900			
6	4	4月3日	山本設計株式会社	12,000			
7	5	4月3日	渡辺商事株式会社	78,000			
8	6	4月5日	伊藤産業株式会社	67,000			
9	7	4月5日	渡辺商事株式会社	97,000			
10	8	4月7日	山本設計株式会社	33,000			
11	9	4月7日	株式会社サンリツ	45,000			
12	10	4月7日	伊藤産業株式会社	33,000			

最終行の数値を表示するメッセージが表示される。　　　［最終行の取得］ボタンをクリックすると…

ファイル名 **try38**

ヒント

- **CurrentRegion**プロパティで、表全体を選択します。
- **Rows.Count**プロパティで、最終行の数値を取得します。
- **Columns.Count**プロパティで、最終列の数値を取得します。
- **MsgBox**関数で、それぞれ最終行と最終列の数値を表示します。

書式　Countプロパティ

Rangeオブジェクト.Count
選択されているセル範囲の行数または列数を返します。

PART 4 | Lesson 2 セルとセル範囲のコピーと消去をする

セルとセル範囲のコピーと消去をする

学習のポイント
- **Copy**メソッドと**Paste**メソッドで、セルとセル範囲のコピーと移動をする方法を学びます。
- **PasteSpecial**メソッドで、セルとセル範囲の内容を選択して貼り付ける方法を学びます。
- **ClearContents**メソッドと**Delete**メソッドで、セルとセル範囲を削除する方法を学びます。

　このLessonでは、VBAによるセルまたはセル範囲のコピーと削除および選択したセルまたはセル範囲にあるデータの処理方法について学びます。セル範囲の大量のデータを一括して処理する方法をマスターしましょう。

例題 14 セル範囲をコピーして貼り付ける

　セル範囲をCopyメソッドとPasteメソッドを使用してクリップボードを経由し、コピーするマクロを作成して、［コピー1］ボタンのクリックで実行します。また、Copyメソッドのみでセル範囲をコピーするマクロを作成して、［コピー2］ボタンのクリックで実行します。

完成例

	A	B	C	D	E	F
1						
2		単価	個数		コピー1	
3	テレビ	68,000	5			
4	エアコン	82,000	9			
5	冷蔵庫	48,000	5		コピー2	
6	洗濯機	38,000	2			
7	電子レンジ	45,000	12			

［コピー1］ボタン・［コピー2］ボタンをクリックすると…

ファイル名 **rei14**

	A	B	C	D	E	F	G
1							
2		単価	個数		コピー1		
3	テレビ	68,000	5				
4	エアコン	82,000	9				
5	冷蔵庫	48,000	5		コピー2		
6	洗濯機	38,000	2				
7	電子レンジ	45,000	12				
8							
9							
10		単価	個数			単価	個数
11	テレビ	68,000	5		テレビ	68,000	5
12	エアコン	82,000	9		エアコン	82,000	9
13	冷蔵庫	48,000	5		冷蔵庫	48,000	5
14	洗濯機	38,000	2		洗濯機	38,000	2
15	電子レンジ	45,000	12		電子レンジ	45,000	12

[コピー1] ボタンによる結果　　　　　　　　[コピー2] ボタンによる結果

　セルまたはセルの範囲をコピーするには、CopyメソッドとPasteメソッドでクリップボードを経由する方法とCopyメソッドでコピーする方法があります。

　クリップボードを経由する方法は、クリップボードにコピー元のデータが残りますので、貼り付け先のセルに連続してコピーすることができます。

　このコードは、CopyメソッドとPasteメソッドでクリップボードを経由する方法です。

```
Sub Macro1()
    Range("A2:C7").Copy              A2からC7セルをクリップボードにコピーする
    ActiveSheet.Paste Range("A10")   クリップボードからA10セルに貼り付ける
End Sub
```

　次のコードは、Copyメソッドでコピーする方法です。

```
Sub Macro2()
    Range("A2:C7").Copy Range("E10")    A2からC7セルをE10セルにコピーする
End Sub
```

　どちらも同じ処理になりますが、それぞれの特徴を理解して使い分けるようにしましょう。

書式 Copyメソッド

Rangeオブジェクト.Copy(貼り付け先セル)

Copyメソッドは、セル範囲を指定のセル範囲またはクリップボードにコピーします。「貼り付け先セル」を省略すると、クリップボードにコピーされます。

書式 Pasteメソッド

Worksheetオブジェクト.Paste(貼り付け先セル)

Pasteメソッドは、クリップボードの内容をセルに貼り付けます。クリップボードは、Windowsで標準的なデータを一時的に格納することができます。ピクチャ形式とテキスト形式をサポートしています。

なお、Excelを終了してもクリップボードのデータは、消去されることはありません。このクリップボードのデータは、Wordやメモ帳などのソフトに貼り付けて利用することもできます。

さらに、セル範囲のデータを移動するCutメソッドについても学んでおきましょう。

書式 Cutメソッド

Rangeオブジェクト.Cut(貼り付け先セル)

Cutメソッドは、クリップボードを経由しないで、指定したセル範囲から他のセル範囲へデータを移動する方法になります。

次のコードは、A2からC7セルを、E10セルに移動するものです。

```
Sub Macro1()
    Range("A2:C7").Cut Range("E10")
End Sub
```

ワンポイント▶▶ セル範囲のコピー後の処理

セルまたはセル範囲のコピーの後は、コピー元に点滅が残ってしまうので、以下のApplicationオブジェクトの操作でコピーモードの点滅を解除します。

Application.CutCopyMode = False

やってみよう！39 ▶▶ セル範囲の書式をコピーする

　売上表のセル範囲の書式のみをクリップボードを経由してコピーするマクロを作成して、[書式コピー] ボタンのクリックで実行します。また、数式のみをコピーするマクロも作成します。

	A	B	C	D	E	F	G
1							
2		単価	個数	金額		書式コピー	
3	テレビ	68,000	5	340,000			
4	エアコン	82,000	9	738,000			
5	冷蔵庫	48,000	5	240,000			
6	洗濯機	38,000	2	76,000			
7	電子レンジ	45,000	12	540,000			
8	合計		33	1,934,000			

書式のみがコピーされる。

範囲を選択して [書式コピー] ボタンをクリックすると…

ファイル名 **try39**

- **Copy**メソッドでセル範囲をクリップボードにコピーします。
- **PasteSpecial**メソッドでクリップボードから貼り付けます。
- **PasteSpecial**メソッドの貼り付ける内容に書式を指定します。

書式　PasteSpecialメソッド

Rangeオブジェクト.PasteSpecial([貼り付け内容])

PasteSpecialメソッドは、クリップボードから貼り付け内容を選択して貼り付けます。貼り付け内容は省略できます。

■貼り付け内容の定数（主なもの）

xlPasteAll	すべて
xlPasteFormats	書式
xlPasteFormulas	数式
xlPasteValues	値
xlPasteColumnWidths	列幅

CopyメソッドとPasteメソッドは、コピー元のセル範囲の値と書式設定などすべての内容を、コピー先に貼り付けます。PasteSpecialメソッドは、クリップボードを経由して、コピー元のセル範囲から値、数式、書式、などの内容を選択してコピー先に貼り付けることができます。

PART 4　Lesson 2 セルとセル範囲のコピーと消去をする

やってみよう！40 ▶▶ セル範囲の値を消去する

売上表には、単価と個数を乗じて全額を計算する数式があります。この単価と個数データのセル範囲の値を消去するマクロを作成して、[値のクリア] ボタンのクリックで実行します。

	A	B	C	D	E	F	G
1							
2		単価	個数	金額		値のクリア	
3	テレビ	68,000	5	340,000			
4	エアコン	82,000	9	738,000			
5	冷蔵庫	48,000	5	240,000			
6	洗濯機	38,000	2	76,000			
7	電子レンジ	45,000	12	540,000			
8	合計		33	1,934,000			

「単価」と「個数」のデータが消去される。

[値のクリア] ボタンをクリックすると…

ファイル名 **try40**

- 単価と個数は**B3**から**C7**のセル範囲になります。
- セル範囲を**ClearContents**メソッドで消去します。

ClearContentsメソッド

Rangeオブジェクト.ClearContents

ClearContentsメソッドは、セルまたはセル範囲の値と数式を消去します。セルまたはセル範囲の書式設定を残したままで、値と数式のみを消去することができます。

Clearメソッド／ClearFormatsメソッド／ClearHyperLinksメソッド

Clearメソッドは、セルまたはセル範囲のすべてを消去し、ClearFormatsメソッドは、セルまたはセル範囲の書式を消去します。またClearHyperLinksメソッドは、セルまたはセル範囲のハイパーリンクを消去します。

```
Range("A1:B10").Clear           A1からB10のセル範囲のすべてを消去する
Range("A1:B10").ClearContents   A1からB10のセル範囲の値と数式を消去する
Range("A1:B10").ClearFormats    A1からB10のセル範囲の書式を消去する
Range("A1:B10").ClearHyperLinks A1からB10のセル範囲のハイパーリンクを消去する
```

やってみよう！41 ▶▶ セル範囲を削除する

「やってみよう！33」の売上表には、売上金額が入っていない行があります。この売上金額がない行を削除するマクロを作成して、［空白行の削除］ボタンのクリックで実行します。

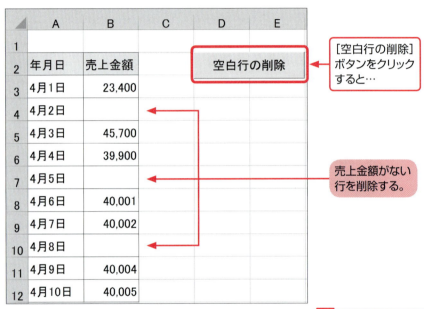

ファイル名 **try41**

- セルの値の有無は、**IsEmpty関数**で判定します。
- **IsEmpty関数**がTrueのときは、セルの行を**Rowsプロパティ**で選択します。
- 選択したセルの行を**Deleteメソッド**で削除します。
- **Deleteメソッド**では、削除したセルの下にあるセルを上にシフトします。

 Deleteメソッド

Rangeオブジェクト. Delete(シフト)

Deleteメソッドは、セルまたはセル範囲を削除します。
Deleteメソッドは、セルまたはセル範囲を削除すると同時に、ワークシート内に空いたスペースを作ります。ワークシート内の空いたスペースに、クリップボードを経由して右からセルを詰めるのか、または下からセルを詰めるのかを「シフト」で指定することができます。
「シフト」を省略すると、Excelが指定されたセル範囲の形に適した方向にシフト処理します。

■シフトの定数

xlShiftToLeft	セルの削除後にセルは左にシフトします。
xlShiftUp	セルの削除後にセルは上にシフトします。

PART 4　Lesson 2 セルとセル範囲のコピーと消去をする

やってみよう! 42 ▶▶ 表の行と列のデータを入れ替える

売上表の行と列を入れ替えて、新しい表にコピーするマクロを作成して、[行列入替のコピー]ボタンのクリックで実行します。

	A	B	C	D	E	F	G
1							
2		単価	個数	金額		行列入替のコピー	
3	テレビ	68,000	5	340,000			
4	エアコン	82,000	9	738,000			
5	冷蔵庫	48,000	5	240,000			
6	洗濯機	38,000	2	76,000			
7	電子レンジ	45,000	12	540,000			
8	合計		33	1,934,000			

表の行と列を入れ替わる。

[行列入替のコピー]ボタンをクリックすると…

 ファイル名 **try42**

- 元の表のセルからCellsプロパティを利用して新しい表にコピーします。
- Cellsプロパティでコピーするときに、行番号と列番号を入れ替えます。
- For～Nextステートメントでコピーを繰り返し処理します。
- **Cells(X,Y).Value = Cells(Y,X).Value**のように「＝（イコール）」の代入で行と列の変数を順番に入れ替えてコピー処理をします。

 [形式を選択して貼り付け]とTranspose関数

「やってみよう! 42」の処理は、Excelのコピーから[形式を選択して貼り付け]の[行と列を入れ替える]と同じ処理です。ただし、Excelのコピーの[形式を選択して貼り付け]は、数式もコピーされますが、Cellsプロパティを使用するとセルの値のみがコピーされます。
Excelでは、Transpose関数で縦方向と横方向のセル範囲の変換を行うことができます。
VBAからは、WorksheetFunctionプロパティとTranspose関数を利用すると、ワークシート上にあるセル範囲の縦と横を逆転させることができます。

Lesson 3 セルの書式設定（1）文字の種類とセルの色

学習のポイント
- Fontオブジェクトで、文字の種類や色の指定方法を学びます。
- Interiorオブジェクトで、セルの色や網掛けの指定方法を学びます。
- Withステートメントでのプロパティやメソッドの変更方法を学びます。

　このLessonでは、VBAによる文字のフォントと色や書式、セルの色や網掛けなどの書式設定を指定する方法を学びます。

　Excelでは、文字をFontオブジェクトで管理しています。このFontオブジェクトのプロパティを操作することで文字のフォントと色などの書式の設定を変更することができます。

例題15　文字のフォントとサイズを変更する

　商品単価表の文字のフォントは、すべてMS明朝の11ポイントになっています。表題の「商品単価表」をMSゴシックの16ポイント、見出しの「商品」「単価」と商品名をMSゴシックの12ポイントに変更するマクロを作成して、［フォントの変更］ボタンのクリックで実行します。また［フォントを戻す］ボタンのクリックで、元のMS明朝の11ポイントに変更します。

完成例

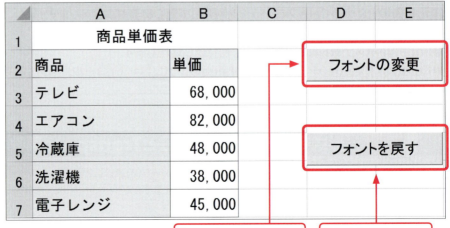

［フォントの変更］ボタンをクリックすると指定したフォントに変更される。

［フォントを戻す］ボタンをクリックするとフォントが元に戻る。

ファイル名　**rei15**

1 ▶▶ コードの入力

次のコードを入力します。

```
Sub Macro1()
    Range("A1").Font.Name = "MSゴシック"      セルA1の文字をMSゴシックに変更
    Range("A2:A7").Font.Name = "MSゴシック"   セルA2からA7の文字をMSゴシックに変更

    Range("B2").Font.Name = "MSゴシック"      セルB2の文字をMSゴシックに変更
    Range("A1").Font.Size = 16               セルA1のフォントを16ポイントに変更
    Range("A2:A7").Font.Size = 12            セルA2からA7のフォントを12ポイントに変更

    Range("B2").Font.Size = 12               セルB2のフォントを12ポイントに変更
End Sub
```

　Font.Nameプロパティは、セルまたはセル範囲の文字のフォントの種類を、Font.Sizeプロパティは文字のサイズを変更します。

　Fontオブジェクトは、フォント属性であるフォント名、フォント サイズ、色などのことです。文字の種類や色などは、Nameプロパティ、Boldプロパティ、Italicプロパティ、Sizeプロパティ、Underlineプロパティ、Weight プロパティなど属性ごとのプロパティを指定して、セルまたはセル範囲ごとに設定することができます。

書式　Fontプロパティ

Rangeオブジェクト.Font
Rangeオブジェクト.Font.Name="フォント名"
Rangeオブジェクト.Font.Size=数値

Fontプロパティは、Fontオブジェクトを参照します。
Nameプロパティは、フォントを設定します。
Sizeプロパティは、フォントサイズをポイント単位で設定します。

---

2 ▶▶ Withステートメントで処理をまとめて記述する

　フォントの種類やサイズを設定するのに、すべてのセルについてプロパティを記述するのは大変です。

　そこでWithステートメントを使用するとセルへの処理をまとめてコードを簡単にすることができます。

```
Sub Macro3()
    With Range("A1").Font
        .Name = "MSゴシック"
        .Size = 16
    End With
    With Range("A2:A7").Font
        .Name = "MSゴシック"
        .Size = 12
    End With
    With Range("B2").Font
        .Name = "MSゴシック"
        .Size = 12
    End With
End Sub
```

書式 Withステートメント

With オブジェクト
　　　　.プロパティ=値
　　　　.メソッド
End With

Withステートメントとオブジェクトを指定すると、End Withまでそのオブジェクトの記述を省略できます。WithとEnd Withの間にピリオド（.）と付けてプロパティやメソッドを記述すると、オブジェクトのプロパティの設定とメソッドの実行を一括して処理できます。

ワンポイント▶▶ 「VBAProjectのコンパイル」によるVBAコードのチェック

　VBEでモジュールに作成したプロシージャのコードが正しく動作するかは、「VBAProjectのコンパイル」でチェックすることができます。
　ExcelのVBAは、「コンパイルエラー」とその原因を表示してくれますので、発生したエラーを簡単に修正することができます。
　VBAの［デバッグ］メニューから［VBAProjectのコンパイル］を選択して実行します。

エラーがあれば、メッセージボックスで表示される。

　このようにコンパイルエラーは、VBAがエラーの原因を特定してメッセージを表示します。いくつかの例を見てみましょう。

●**Dim**ステートメントで宣言していない変数を使用した場合
　Option Explicitステートメントの記述があるのに、Dimで宣言していない変数に数値を代入すると、エラーが発生して、次のようなメッセージを返します。

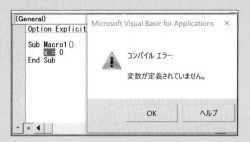

●ステートメントの構文が間違っている場合
　If～Thenステートメントで、Ifに対してEnd ifが記述していないとエラーが発生して、次のようなメッセージを返します。

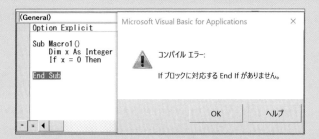

　マクロを実行したときに、プログラムの実行をVBAが中断してしまうエラーのことを、実行時エラーといいます。この実行時エラーも、コンパイルエラー同様、VBAがエラーの原因を特定してメッセージを表示します。
　次の例は、変数がオーバーフローしたときに発生するメッセージです。

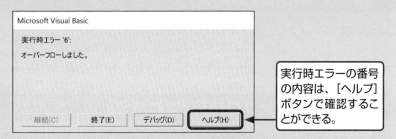

> 実行時エラーの番号の内容は、[ヘルプ]ボタンで確認することができる。

　[デバック]ボタンをクリックすると、VBEのコードウィンドウでエラーが発生した行に移動します。
　この例では、変数のオーバーフローは、Integer型の変数に100,000の数値を代入しようとして発生しました。
　実行時エラーは、VBEの[リセット]ボタンでエラーにより処理が中断した状態から抜け出すことができます。

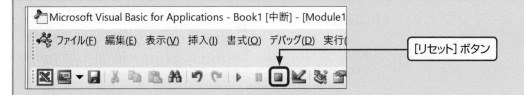

> [リセット]ボタン

やってみよう！43　セルの文字を太字に変更する

　顧客名簿のフォントは、すべてMS明朝の11ポイントになっています。表題の「顧客名簿」を16ポイントの太字、見出しの「コード」「顧客」「住所」を12ポイントの斜体に変更するマクロを作成して、［フォントの変更］ボタンのクリックで実行します。また、［フォントを戻す］ボタンのクリックで、元のMS明朝の11ポイントに変更します。

 ファイル名 **try43**

● **Font.Size**プロパティで、フォントサイズをポイント単位で設定します。
● **Font.Bold**プロパティで、文字を太字にします。
● **Font. Italic**プロパティで、文字を斜体にします。

 Boldプロパティ

Rangeオブジェクト.Font.Bold = True（またはFalse）
Boldプロパティは、Trueでフォントを太字にして、Falseで解除します。

 Italicプロパティプロパティ

Rangeオブジェクト.Font. Italic = True（またはFalse）
Italicプロパティは、Trueでフォントを斜体にして、Falseで解除します。

 UnderLineプロパティプロパティ

**Rangeオブジェクト. UnderLine =
下線の種類**
UnderLineプロパティは、文字に下線を付けます。
「下線の種類」の選択には、クラスの定数を使用します。

■下線の種類（主なもの）

xlUnderlineStyleNone	下線なし
xlUnderlineStyleSingle	1重下線
xlUnderlineStyleDouble	2重下線

PART 4　Lesson 3 セルの書式設定（1）文字の種類とセルの色

やってみよう！44　▶▶　文字の色を変更する

　社員名簿の文字とセルには色が付いていません。見出しの「社員名簿」の文字の色を青色に、表題の「部門」「氏名」を文字の色を緑色に変更するマクロを作成して、［色の変更］ボタンのクリックで実行します。また、［色を戻す］ボタンのクリックで、元の色に変更します。

	A	B	C	D	E
1		社員名簿			
2	部門	氏名		色の変更	
3	営業	伊藤			
4	営業	鈴木			
5	営業	山本		色を戻す	
6	経理	内田			
7	経理	佐藤			

ファイル名 ▶ try44

- 文字の色は、**Font.ColorIndex**プロパティで設定を変更します。
- **Font.ColorIndex**プロパティで、青色は**5**を、緑色は**10**を使用します。
- 元の黒色は、**Font.ColorIndex**プロパティで**1**を使用します。
- **Font.Color**プロパティで、RGB値で指定する方法も考えてみましょう。

Colorindexプロパティ

オブジェクト.Font.ColorIndex＝色番号

Colorindexプロパティは、色番号で色を指定します。主な色番号は、次のものです。
黒＝1、白＝2、赤＝3、明るい緑＝4、青＝5、黄色＝6、ピンク＝7、水色＝8、緑＝10
上記以外の標準のカラーパレットのインデックス番号は、「ヘルプ」でご確認ください。

Colorプロパティ

オブジェクト.Font.Color＝RGB値

Colorプロパティは、RGB値で色を指定します。
RGB値は、RGB(Red,Green,Blue)で色を表し、Red、Green、Blueには、0～255の数値が入ります。色の設定を行うアプリケーションのメソッドやプロパティでは、色の RGB 値を表す整数が使われます。色のRGB値は、赤、緑、および青の相対的な明度を指定します。これらの明度の組み合わせによって、指定した色が表示されます。

やってみよう！45 ▶▶ セルの色を変更する

　顧客名簿のセルには色が付いていません。表題の「コード」「顧客」「住所」のセルを青色に、顧客データは1行ごとに黄色に変更するマクロを作成して、[セルの色変更] ボタンのクリックで実行します。また、[セルの色戻す] ボタンのクリックで、元の色に変更します。

[セルの色変更] ボタンをクリックすると、設定のカラーに変更される。

[セルの色戻す] ボタンをクリックすると、カラーが元に戻る。

ファイル名 **try45**

###

- セルの色はInterior.ColorIndexプロパティで設定を変更します。
- Interior.ColorIndexプロパティで、青は5を黄色は6を使用します。
- For～NextステートメントとCellsプロパティで、処理を繰り返します。
- Mod演算子でデータの偶数行を判定して、セルの色を黄色にします。
- Font.Colorプロパティで、RGB値で指定する方法も考えてみましょう。

 Interior プロパティ

Rangeオブジェクト. Interior

Interior プロパティは、Interiorオブジェクトを参照します。Interiorオブジェクトは、セルの色や色のパターンなどの全体のことです。

ワンポイント ▶▶ Mod演算子

Mod演算子は、2つの数値の除算を行ってその余りを返します。

　変数=数値1 Mod 数値2

たとえば、「X=4 Mod 2」は、4を2で割った結果、変数Xに「0」が代入されます。

PART 4 Lesson 3 セルの書式設定 (1) 文字の種類とセルの色

やってみよう! 46 ▶▶ 空白セルだけセルの色を変更する（やってみよう38の応用）

売上集計表で空白のセルを選択してセルの色を黄色に変更するマクロを作成して、[セルの色変更] ボタンのクリックで実行します。また、[セルの色戻す] ボタンのクリックで、元の色に変更します。
（このマクロでは、表に空白のセルがなかった場合のエラー処理は省略します）

[セルの色変更] ボタンをクリックすると、空白のセルが設定のカラーに変更される。

	A	B	C	D	E	F	G
1							
2	顧客別売上集計表	4月	5月	6月			
3	伊藤産業株式会社	415,000		567,000			
4	渡辺商事株式会社		908,000				
5	山本設計株式会社	312,000		435,000			
6	株式会社サンリツ	665,000	780,000				
7	株式会社エコー		234,000	140,000			

[セルの色戻す] ボタンをクリックすると、カラーが元に戻る。

ファイル名 **try46**

- **CurrentRegion**プロパティで、表全体を選択します。
- 表全体から**SpecialCells**メソッドで、空白のセルを選択します。
- **Interior.ColorIndex**プロパティで、選択したセルを黄色の6に変更します。

 Patternプロパティ

Interiorオブジェクト.Pattern = 網掛けパターン
Patternプロパティは、セルの網掛けの設定をします。
「網掛けパターン」には、オブジェクト内部の塗りつぶし属性のパターンを設定します。

■網掛けパターンの定数（主なもの）

xlSolid	塗りつぶし	xlVertical	縦縞
xlGray75	75%灰色	xlDown	右下がり縞
xlGray50	50%灰色	xlUp	右上がり縞
xlGray25	25%灰色	xlChecker	斜線格子
xlHorizontal	横縞	xlGrid	格子

Lesson 4 セルの書式設定（2） セルの表示形式

学習のポイント
- 数値にカンマと円記号を付ける方法と日付を西暦から和暦への変更方法を学びます。
- セル内の文字の位置や文字の配置の変更方法を学びます。
- 行高と列幅のポイント数値での変更方法と自動調整の方法を学びます。

このLessonでは、VBAによるセルの表示形式の設定について学びます。セルの表示形式には、数値のカンマや記号、日付の形式、文字の配置などがあります。

Excelの［セルの書式設定］ダイアログボックスを利用する場合と同じ設定が、VBAのコードから操作できますのでユーザーがいろいろ表を自動作成するのに役立ちます。

例題16 数値にカンマと円記号を付ける

請求明細の、「単価」と「金額」にはカンマと「円」の文字、「数量」には箱の単位を表示するマクロを作成して、［表示の変更］ボタンのクリックで実行します。また、［表示を戻す］ボタンのクリックで、元の数値の表示に変更します。

完成例

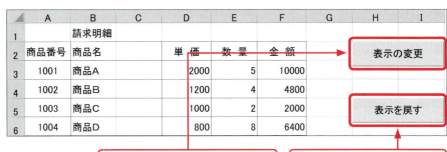

［表示の変更］ボタンをクリックすると、単位や記号が表示される。

［表示を戻す］ボタンをクリックすると、表示が元に戻る。

ファイル名 rei16

次のコードを入力します。

NumberFormatLocalプロパティは、セルの値の表示方法を変更しますが、セルの値のデータ形式を変更する訳ではありません。

例えば、セルに5,000円と入力すると円の文字が付くため、Excelは、セルのデータを文字列と判定して計算に利用できません。

ところが、NumberFormatLocalプロパティを使用して、数値の5000の表示を5,000円に変更しても、セルのデータは、そのまま数値の計算に利用することができます。

```
Sub Macro1()
    Range("D3:D6").NumberFormatLocal = "#,##0円"    カンマと円記号を付ける
    Range("E3:E6").NumberFormatLocal = "#,##0箱"    カンマと箱の単位を付ける
    Range("F3:F6").NumberFormatLocal = "#,##0円"    カンマと円記号を付ける
End Sub
```

NumberFormatLocalプロパティ

Rangeオブジェクト. NumberFormatLocal = 書式記号

NumberFormatLocalプロパティは、セルの表示記号を設定します。

■数値の書式記号（主なもの）

0	桁位置や桁数を指定します。値がない場合は0が入ります。
#	桁位置や桁数を指定します。値がない場合は何も入りません。
.(ドット)	小数点の位置を指定します。
,(カンマ)	区切り記号を指定します。
%	パーセント記号を指定します。

※Format 関数で使う表示形式とは異なります。

NumberFormatLocalプロパティと日付データ

NumberFormatLocalプロパティは、セルの日付の値の表示方法を変更することができます。日付の値の表示方法を変更すると、Excelの日付の管理形式であるシリアル値から、通常の西暦と和暦の日付、年、月、日や曜日などデータを自由な形式で表示できます。

以下の例も、セルの値の表示方法を変更しますがセルの値のデータ形式を変更する訳ではありません。

●月日と曜日を同時に表示する

　　Range("A1").NumberFormatLocal = "m月d日(aaa)"

この例では、日付は「4月1日(木)」のように表示されます。

●年月日から曜日のみを取り出す

　　Range("A1").NumberFormatLocal = "aaaa"

この例では、日付は「木曜日」のように曜日のみで表示されます。

■日付と時刻の書式記号（主なもの）

d	日付を返します。(1～31)	ee	年号に基づく和暦の年を2桁の数値で返します。
dd	日付を2桁で返します。(01～31)	yy	西暦の年を2桁の数値で返します(00～99)
aaa	曜日を日本語で返します。(日～土)	yyyy	西暦の年を4桁の数値で返します（100～9999)
aaaa	曜日を日本語で返します。(日曜日～土曜日)	h	時間を返します。(0～23)
m	月を表す数値を返します。(1～12)。	hh	時間を2桁で返します。(00～23)
mm	月を表す数値を2桁で返します。(01～12)	m	分を返します。(0～59)
g	年号の頭文字を返します。(M, T, S, H)	mm	分を2桁で返します。(00～59)
gg	年号の先頭の文字を漢字で返します。(明、大、昭、平)	s	秒を返します。(0～59)
ggg	年号を返します。(明治、大正、昭和、平成)	ss	秒を2桁で返します。(00～59)
e	年号に基づく和暦の年を返します。		

※Format 関数で使う表示形式の文字列とは異なります。

やってみよう！47 ▶▶ 日付の表示を和暦にする

　売上累計表の年月日が西暦になっています。この年月日を和暦に変更するマクロを作成して、［和暦に変更］ボタンのクリックで実行します。また、［西暦に戻す］ボタンのクリックで、元の西暦の表示に変更します。

［和暦に変更］ボタンをクリックすると、年月日が和暦表示に変更される。

	A	B	C	D	E	F
1	売上累計表					
2	年月日	売上金額	累計		和暦に変更	
3	2016/04/01	23,400	23,400			
4	2016/04/02	13,900	37,300			
5	2016/04/03	45,700	83,000		西暦に戻す	
6	2016/04/04	39,900	122,900			
7	2016/04/05	40,000	162,900			

［西暦に戻す］ボタンをクリックすると、元の西暦の表示に戻る。

ファイル名 **try47**

- **NumberFormatLocal**プロパティで、和暦に変更します。
- **NumberFormatLocal**プロパティで、西暦に戻します。

やってみよう！48 ▶▶ セル内の文字の配置を設定する

　顧客名簿のセル内の文字の配置は、横位置は左詰めで縦位置は下詰めになっています。この配置を、見出しの「顧客名簿」と表題の「コード」「顧客」「住所」は、全て中央揃えで、データは、縦位置を中央揃えにするマクロを作成して、［配置の変更］ボタンのクリックで実行します。また［配置を戻す］ボタンのクリックで、元の配置の表示に変更します。

PART 4 Lesson 4 セルの書式設定 (2) セルの表示形式

[配置の変更]ボタンをクリックすると、設定の配置に変更される。

[配置を戻す]ボタンをクリックすると、文字の配置が元に戻る。

ファイル名 **try48**

- ●横位置を中央揃えするには、**HorizontalAlignment**プロパティを使用します。
- ●縦位置を中央揃えするには、**VerticalAlignment**プロパティを使用します。

 HorizontalAlignmentプロパティ

Rangeオブジェクト. HorizontalAlignment = 横位置

HorizontalAlignmentプロパティは、セル内の文字の横位置を設定します。

■横位置の定数

定数	意味
xlCenter	中央揃え
xlDistributed	均等割り付け
xlJustify	両端揃え
xlLeft	左揃え
xlRight	右揃え

「Range("A1"). HorizontalAlignment = xlLeft」は、A1セルの値を左揃えで表示します。

 VerticalAlignmentプロパティ

Rangeオブジェクト. VerticalAlignment = 縦位置

VerticalAlignmentプロパティは、セル内の文字の縦位置を設定します。

■縦位置の定数

定数	意味
xlBottom	下揃え
xlCenter	中央揃え
xlDistributed	均等割り付け
xlJustify	両端揃え
xlTop	上揃え

「Range("A1").VerticalAlignment = xlTop」は、A1セルの値を上揃えで表示します。

やってみよう！49 ▶▶ 文字列を折り返して表示する

　住所録の住所1の文字列データは文字数が多すぎてセルに入りません。住所1の文字列データをセル内で折り返して表示するマクロを作成して、［折り返して表示］ボタンのクリックで実行します。また、［折り返しを戻す］ボタンのクリックで、元の表示に変更します。

	A	B	C	D	E	F	G
1		住所録					
2	郵便番号	住　所　1	住　所　2	氏名		折り返して表示	
3	160-0001	東京都新宿区西新宿2丁目		伊藤一郎			
4	140-0001	東京都品川区北品川4丁目		鈴木次郎			
5	120-0001	東京都足立区千住5丁目		高橋幸子		折り返しを戻す	

 ファイル名 **try49**

 ヒント

●WraptextプロパティをTrueにして文字列を折り返します。

書式　Wraptextプロパティ

Rangeオブジェクト．Wraptext = True（またはFalse）

Wraptextプロパティは、セル内の文字列を折り返して表示します。Trueを指定すると文字列を折り返し、Falseを指定すると折り返しません。

 **Chr関数による文字列の折り返し**

　「やってみよう！21」では、Chr関数を使用して文字列をセル内で折り返しました。Wraptextプロパティでは、列幅に応じてExcelが自動で折り返しますが、Chr関数ではユーザーが折り返しの文字を設定できます。
　例えば「東京都新宿区市谷左内町」の文字列を、新宿区の文字や左からの文字数を指定して折り返す場合にはChr関数を利用します。
　しかし、文字を折り返す位置を指定する必要がない場合は、セルの列幅によりExcelが自動で折り返しをするWraptextプロパティのほうが簡単です。
　文字をセル内に縮小して表示するには、ShrinkToFitプロパティを利用します。ShrinkToFitプロパティは、セルに収まるように文字列を縮小します。Trueを指定すると文字列を縮小し、Falseを指定すると縮小しません。
　「Range("A1").ShrinkToFit = True」では、A1セルの値をセルの列幅に合わせて縮小して表示します。
　セルを結合するには、MergeCellsプロパティを利用します。MergeCellsプロパティは、セル範囲を結合します。Trueを指定するとセル範囲を結合し、Falseを指定すると結合を解除します。
　　Rangeオブジェクト．MergeCells= True（またはFalse）
　「Range("A1:B1")．MergeCells= True」は、A1セルとB1セルを結合します。

PART 4 Lesson 4 セルの書式設定(2) セルの表示形式

やってみよう! 50 ▶ 行高と列幅を調整する

　住所録は、文字列のデータがすべて表示されていません。住所録の行高を20ポイントに、列幅は「郵便番号」と「氏名」を10ポイントに「住所1」と「住所2」を20ポイントに変更するマクロを作成して、[行高と列幅の変更]ボタンのクリックで実行します。また、[行高と列幅を戻す]ボタンのクリックで、元の表示に変更します。

ファイル名 **try50**

- 行高は、**RowHeight**プロパティでポイント数を指定して変更します。
- 列幅は、**ColumnWidth**プロパティでポイント数を指定して変更します。
- **Autofit**メソッドで、行高と列幅を自動調整してみましょう。

RowHeightプロパティ

Rangeオブジェクト. RowHeight = 数値
RowHeightプロパティは、行の高さをポイントの数値で指定します。

ColumnWidthプロパティ

Rangeオブジェクト. ColumnWidth = 数値
ColumnWidthプロパティは、列の幅をポイントの数値で指定します。

Autofitメソッド

行高と列幅をセルのデータに合わせて自動調整するには、Autofitメソッドを利用します。

　　Rangeオブジェクト.Rows.AutoFit
　　Rangeオブジェクト.Columns.AutoFit

　たとえば、「Range("A1:B1"). Columns.AutoFit」は、A1セルとB1セルの列幅をセルの値により自動調整します。

Lesson 5 セルの書式設定（3） セル範囲の罫線

学習のポイント
- 罫線をセル範囲に引く方法を学びます。
- 罫線の種類と太さの設定方法を学びます。
- 罫線の色を指定する方法を学びます。

　VBAのコードによりセル範囲に罫線を引く処理は、データの件数が変動する出納帳や売上帳などの帳票を自動作成するのに必要な機能になります。

　Excelでは、セルの罫線はBorderコレクションで管理されています。Borderコレクションは、上下左右に罫線を引くBorderオブジェクトの集まりになります。このBorderオブジェクトのプロパティを操作することにより罫線の位置や線の種類、線の色を設定できて、セル範囲に自由に罫線を引くことができます。

例題 17 セル範囲に罫線を引く

　商品台帳には罫線が引かれていません。この商品台帳に格子で実線の罫線を引き、外枠には太線の罫線を引くマクロを作成して、［罫線を引く］ボタンのクリックで実行します。また［罫線を消す］ボタンのクリックで、すべての罫線を削除します。

クリックすると外枠の太線と内部の実線が引かれる。

ファイル名 **rei17**

　Bordersコレクションは、セル範囲の上下左右の罫線を示すBordersオブジェクトの集まりになります。

　BordersオブジェクトのBordersプロパティにより、セル範囲に罫線を引く位置の指定をすることができます。

　次のコードを入力します。

PART 4　Lesson 5 セルの書式設定（3）セル範囲の罫線

```
Sub Macro1()
    Range("B2:D7").Borders.LineStyle = xlContinuous
    Range("B2:D7").BorderAround Weight:=xlMedium
End Sub
```

 Bordersプロパティ

Rangeオブジェクト.Borders(罫線の位置)

Bordersプロパティは、Bordersコレクションを取得します。罫線の位置を省略すると、セルの範囲のすべてに罫線を引きます。

■罫線の位置の定数

xlDiagonalDown	右下がりの斜線	xlEdgeRight	セル範囲の右
xlDiagonalUp	右上がりの斜線	xlEdgeTop	セル範囲の上
xlEdgeBottom	セル範囲の下	xlInsideHorizontal	セル範囲の内側の横
xlEdgeLeft	セル範囲の左	xlInsideVertical	セル範囲の内側の縦

「Range("B2:D3").Borders.LineStyle = xlContinuous」は、B2からD3のセル範囲に格子の実線を引きます。

「Range("B2:D3").Borders(xlEdgeLeft).LineStyle = xlContinuous」は、B2からD3のセル範囲に左側に実線を引きます。

 LineStyleプロパティ

Rangeオブジェクト.Borders(罫線の位置).LineStyle = 罫線の種類

LineStyleプロパティは、罫線の種類を指定します。

■罫線の種類の定数

xlContinuous	実線	xlDot	点線
xlDash	破線	xlDouble	2本線
xlDashDot	一点鎖線	xlLineStyleNone	線なし
xlDashDotDot	二点鎖線	xlSlantDashDot	斜破線

「Range("B2:D3").Borders.LineStyle = xlDouble」は、B2からD3のセル範囲に格子の2本線を引きます。

 Weightプロパティ

Rangeオブジェクト.Borders(罫線の位置).Weight = 罫線の太さ

Weightプロパティは、罫線の太さを指定します。

■罫線の太さの定数

xlHairline	極細	xlMedium	太
xlThin	細	xlThick	極太

「Range("B2:D3").Borders.Weight = xlMedium」は、B2からD3のセル範囲に格子の太線を引きます。

BorderAroundメソッド

Rangeオブジェクト.BorderAround(LineStyle, Weight, ColorIndex, Color)

BorderAroundメソッドは、セル範囲の外枠に罫線を引きます。
「LineStyle」は、罫線の種類、「Weight」は、罫線の太さ、「ColorIndex」または「Color」は、罫線の色で省略できます。
罫線の色は、インデックス番号またはRGB値で指定します（169ページ参照）。
「Range("B2:D3").BorderAround Weight:=xlMedium」は、B2からD3のセル範囲の外側に太線を引きます。

 すでに引いてある罫線の削除

すでに引いてある罫線を削除するには、LineStyleプロパティを使用します。
「Rangeオブジェクト.Borders.LineStyle = xlLineStyleNone」でセル範囲の罫線がすべて削除されます。

やってみよう！51　セル範囲の罫線を変更する

　商品台帳にはすでに罫線が引かれています。商品台帳の見出しの「コード」「商品」「単価」の下側に2本線を引き、商品データの間には点線を引くマクロを作成して、［罫線の変更］ボタンのクリックで実行します。また、［罫線を戻す］ボタンのクリックで、元の罫線に変更します。

［罫線の変更］ボタンをクリックすると、設定した罫線が変更される。

	A	B	C	D	E	F	G
1		商品台帳					
2		コード	商品	単価		罫線の変更	
3		1001	商品A	2,800			
4		1002	商品B	1,600			
5		1003	商品C	1,000		罫線を戻す	
6		1004	商品D	1,800			
7		1005	商品E	600			

ファイル名　**try51**

［罫線を戻す］ボタンをクリックすると、元の状態に戻る。

● 2本線は、Borders(xlEdgeBottom).LineStyle = xlDouble を使用します。
● 点線は、Borders(xlInsideHorizontal).LineStyle = xlDot を使用します。

PART 4 Lesson 5 セルの書式設定(3)セル範囲の罫線

やってみよう！52　セルの範囲の罫線に色を付ける

　顧客名簿にはすでに罫線が引かれています。顧客名簿の外枠の太線の罫線は青色に、見出しの「コード」「商品」「単価」の下側の2本線は緑色に、顧客データの間の点線は緑色に、その他の罫線は黄色に変更するマクロを作成して、[罫線の色設定]ボタンのクリックで実行します。また、[罫線の色戻す]ボタンのクリックで、元の罫線に変更します。

ファイル名　try52

- 黄色は、Borders(罫線の位置).ColorIndex = 6で設定します。
- 青色は、Borders(罫線の位置).ColorIndex = 5で設定します。
- 緑色は、Borders(罫線の位置).ColorIndex = 10で設定します。
- 外枠の太線は、BorderAroundメソッドのColorIndex := 5で設定します。
- Colorプロパティで、RGB値で指定する方法も考えてみましょう。

 ColorIndexプロパティ

Rangeオブジェクト.Borders(罫線の位置).ColorIndex = 色番号
ColorIndexプロパティは、色番号で罫線の色を指定します。

■主な色番号
黒=1、白=2、赤=3、明るい緑=4、青=5、黄色=6、ピンク=7、水色=8、緑=10

 Colorプロパティ

Rangeオブジェクト.Borders(罫線の位置).Color = RGB値
Colorプロパティは、RGB値で罫線の色を指定します。
RGB値は、RGB(Red,Green,Blue)で色を表し、Red、Green、Blueには0〜255の数値が入ります。

Lesson 6 行と列やセル範囲の挿入と削除をする

学習のポイント
- Insertメソッドで行と列の挿入とDeleteメソッドで行と列の削除を学びます。
- Insertメソッドでセルまたはセル範囲の挿入を学びます。
- Deleteメソッドでセルまたはセル範囲の削除を学びます。

VBAによるセル範囲や行と列の挿入と削除は、データの項目やデータ数の増減により、セルまたはセル範囲を調整する処理が必要となる場合に利用します。

例題 18 行と列の挿入と削除をする

担当者の表があります。担当者が増えたために山本さんと内田さんの間に3行を挿入します。さらに見出しの項目を増やすために「部門」と「担当者」の間に2列を挿入するマクロを作成して、[行と列の挿入] ボタンのクリックで実行します。また、[行と列の削除] ボタンのクリックで、挿入した行と列を削除します。

完成例

[行と列の挿入] ボタンをクリックすると、設定した行数と列数が挿入される。

[行と列の削除] ボタンをクリックすると、元の状態に戻る。

ファイル名 rei18

Insertメソッドは、ワークシートに行や列を挿入して、挿入した範囲にあったセルはシフトされます。

Deleteメソッドは、ワークシートに行や列を削除して、削除した範囲にあったセルはシフトされます。

次のコードを入力します。

```
Sub Macro1()
    Rows("6:8").Insert              行を3行挿入する
    Columns("B:C").Insert           列を2列挿入する
End Sub
```

```
Sub Macro2()
    Rows("6:8").Delete              行を3行削除する
    Columns("B:C").Delete           列を2列削除する
End Sub
```

Insertメソッド

Rangeオブジェクト.Insert(シフト,コピー元)

Insertメソッドは、セルまたはセル範囲を挿入します。

■シフトの定数

xlShiftToRight	セルの挿入後にセルを右に伸ばします。
xlShiftDown	セルの挿入後にセルを下に伸ばします。

「シフト」を省略すると、セル範囲に応じてシフト方向が自動的に決定されます。
「コピー元」は、挿入したセル範囲に書式のコピー元を指定できます。

Deleteメソッド

Rangeオブジェクト. Delete (シフト)

Deleteメソッドは、セルまたはセル範囲を削除します。

■シフトの定数

xlShiftToLeft	セルの削除後にセルは左にシフトします。
xlShiftUp	セルの削除後にセルは上にシフトします。

「シフト」を省略すると、指定されたセル範囲に適した方向にシフトされます。

やってみよう！53　セル範囲の挿入と削除をする

　2つの表の請求明細は、書式が違っています。2つの請求明細の書式を合わせるために、下の請求明細に必要なセル範囲を挿入します。さらに、見出しの「単価」「数量」の文字列と「単価」「数量」「金額」のデータの書式をコピーするマクロを作成して、[セル範囲の挿入]ボタンのクリックで実行します。また、[セル範囲の削除]ボタンのクリックで、挿入したセル範囲を削除します。（必要に応じて「金額」の「単価」×「数量」の数式もコピーします。ただし、数式をコピーすると、下の請求明細の金額は消えてしまいます。）

[セル範囲の挿入]ボタンをクリックすると、必要なセル範囲を挿入してから書式をコピーする。

[セル範囲の削除]ボタンをクリックすると、元の状態に戻る。

ファイル名 **try53**

- セル範囲の挿入は、**Insert**メソッドで実行します。
- 文字列のコピーは、**Copy**メソッドでコピーします。
- セルの書式のコピーは、**PasteSpecial.xlPasteFormats**で書式のみコピーします。
- セルの数式のコピーは、**PasteSpecial xlPasteFormulas**で数式のみコピーします。
- セル範囲の削除は、**Delete**メソッドで実行します。
- **Application.CutCopyMode = False**でコピー元の点滅を解除します。

Lesson 7 行と列の非表示と再表示をする

学習のポイント
- **Hidden**プロパティで、行や列を非表示にする方法を学びます。
- **Hidden**プロパティで、行や列を再表示する方法を学びます。

セルの操作では、表示されている行と列を非表示にして見ることができないようにすることがあります。

この機能は、マスターデータを管理しているだけのセル範囲や、一時的な計算のためのセル範囲で表示する必要がない場合に利用します。

また、一つのファイルを多くの人が共有して使用するワークシートでは、Excelに不慣れなユーザーの誤操作から数式や関数を守るために行と列を非表示にすることがあります。

行と列の非表示と再表示をする

請求明細には、商品の「定価」と「割引率」の欄があります。この列のセルを一時的に非表示にするマクロを作成して、[セルの非表示]ボタンのクリックで実行します。また、[セルの再表示]ボタンのクリックで、セルの表示を元に戻します。

ファイル名 **rei19**

次のコードを入力します。

```
Sub Macro1()
    Columns("C:D").Hidden = True      C列からD列を非表示にする
End Sub
```

```
Sub Macro2()
    Columns("C:D").Hidden = False     C列からD列を再表示する
End Sub
```

Hiddenプロパティ

Rangeオブジェクト.Hidden=True（またはFalse）

Hiddenプロパティは、行または列を非表示にします。行はRows、列はColumnsで指定します。Trueで非表示にFalseで再表示します。
「Rows("2:3").Hidden=True」は、ワークシートの2行目から3行目のセルを非表示にします。

　行と列の非表示は、数式が入ったセルや一時的な計算のためのセル範囲を見せなくするために使用します。

　Excelをビジネスで利用していると、Excelファイルを関係者に配付したり、一つのファイルを複数の人がサーバー上で共有することが多くなります。多くの人が利用するファイルで、誤って数式と関数を削除されないために、セル範囲を非表示にする場合があります。

PART 4 Lesson 7 行と列の非表示と再表示をする

ワンポイント▶▶ エラーが発生したときの処理方法

　プログラムでは、想定外のエラーや避けられないエラーが発生する可能性があります。プログラム言語は、このエラーに対して対処する方法を準備しています。
　ExcelのVBAにも、実行時エラーが発生したときの対処方法があります。ここでは、単純な実行時エラーを再現して、エラーに対するVBAのコードでの処理方法を紹介します。

　変数Xを変数Yの0で除算をすると、VBAから実行時エラーのメッセージが発生してマクロの処理が中断されます。
　この場合の処理方法を考えてみましょう。

★On Error GoToステートメントで、エラーが発生したときの処理を指定する

　On Error GoToステートメントは、実行時エラーの発生時にマクロの中断をせずに指定した処理を実行します。

```
Sub Macro1()
   Dim X As Integer, Y As Integer, Z As Integer
   X = 100
   Y = 0

   On Error GoTo エラー処理 ‥   エラーが発生したときは行ラベル「エラー処理」に移動
      Z = X / Y  ‥‥‥‥‥‥‥   実行する処理
   Exit Sub ‥‥‥‥‥‥‥‥‥   マクロを終了する

エラー処理: ‥‥‥‥‥‥‥‥‥   行ラベル　エラーが発生したときの処理
   MsgBox "除算エラーです" ‥   エラー発生時の処理
End Sub
```

187

実行時エラーの発生時は、「エラー処理」でマクロの中断をせずにメッセージを表示します。

★On Error Resume Nextステートメントでエラーを無視して処理を継続する

On Error Resume Nextステートメントは、実行エラーが発生しても、VBAのエラーを表示させずに無視して次のコードの処理を実行します。

```
Sub Macro1()
    Dim X As Integer, Y As Integer, Z As Integer
    X = 100
    Y = 0
    
    On Error Resume Next
    Z = X / Y
    MsgBox "除算エラーは表示されません"
End Sub
```

実行時エラーは、マクロの中断をせずに、無視して次のコードの処理のメッセージを表示します。

On Error Resume Nextステートメントは、マクロの実行が中断するエラーを無視します。このため本来は発生するエラーメッセージが発生しないので、その後のマクロが正しく動作しなくなる可能性があります。

PART 5

ワークシートの操作

▶▶ Lesson 1　ワークシートを選択する
▶▶ Lesson 2　ワークシートの追加と削除をする
▶▶ Lesson 3　ワークシートのコピーと移動をする
▶▶ Lesson 4　ワークシートの非表示と再表示をする
▶▶ Lesson 5　ワークシートの保護と解除をする
▶▶ Lesson 6　ワークシートを印刷する

ワークシートを選択する

学習のポイント
- ワークシートの参照と選択をする方法を学びます。
- ワークシートの名前や見出しの色の変更方法を学びます。
- Worksheetのイベントプロシージャの作成方法を学びます。

　VBAでワークシートを操作するために、Worksheetオブジェクトで管理されているワークシート名をWorksheetsプロパティで参照します。さらに参照したワークシート名から、ActivateメソッドまたはSelectメソッドで選択することになります。

1 ▶▶ Worksheetsプロパティでワークシートを参照する

　Excelのワークブックは、複数のワークシート（Worksheetsコレクション）により構成されています。複数のワークシートのうち操作の対象となるワークシート（Worksheetオブジェクト）を、Worksheetsプロパティで参照することができます。

 Worksheetsプロパティ

Workbook オブジェクト. Worksheets（インデックス番号またはワークシート名）
Worksheetsプロパティは、指定されたワークブックのワークシート名を返します。
Worksheetsプロパティに引数を指定しないと、すべてのワークシートを参照します。

　ここでは、ワークブックに、Sheet1からSheet3までのワークシートがあります。このうち1番目の左側にあるワークシートはインデックス番号のWorksheets(1) または、ワークシート名のWorksheets("Sheet1")で参照することができます。

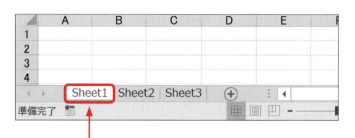

Worksheets(1)またはWorksheets ("Sheet1")でワークシートを参照する。

2 ▶▶ ActivateメソッドとSelectメソッドでワークシートを選択する

VBAからワークシートの操作をするには、複数のワークシートから操作の対象となるワークシートを選択します。ワークシートを選択するには、Activateメソッドと Selectメソッドの2つの方法があります。

Worksheetsオブジェクト. Activate

Activateメソッドは、一つのワークシートを選択します。
このメソッドを実行したときは、複数のワークシートがあるブックの中で指定したワークシートの見出しをクリックしたときと同じ操作になります。選択されたワークシートの見出しは、ワークシート名がハイライトされます。

Worksheetsオブジェクト. Select(Replace)

Selectメソッドは、一つのまたは複数のワークシートを選択します。
オプションの「Replace」が、Trueのときは、選択しているワークシートを解除して指定したワークシートを選択し、Falseのときは、選択しているワークシートに加えて指定したワークシートを選択します。
オプションをFalseにしてこのメソッドを実行したときは、複数のワークシートがあるブックの中で、[Ctrl]キーを押しながらワークシートの見出しを複数クリックしたときと同じ操作になります。

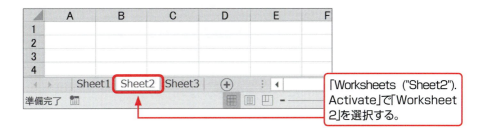

「Worksheets ("Sheet2"). Activate」で「Worksheet 2」を選択する。

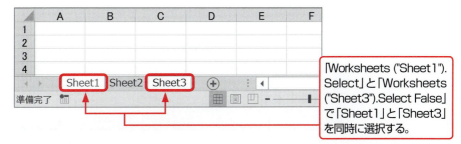

「Worksheets ("Sheet1"). Select」と「Worksheets ("Sheet3").Select False」で「Sheet1」と「Sheet3」を同時に選択する。

ワークシートが1つ選択されるときは、ActiveメソッドとSelectメソッドは、同じ操作になります。

3 ワークシートの名前を変更する

　Excelでは、ワークシートに入力されているデータの種類により、ワークシートにわかりやすい名前を付けることがあります。
　VBAでは、ワークシートの名前は、WorksheetオブジェクトのNameプロパティで変更ができます。

Nameプロパティ

Worksheetオブジェクト.Name = シート名

Nameプロパティは、ワークシートの名前の取得と変更をします。
ワークシートの名前は、新規にブックが作成されるとExcelによりSheet1から順番に付けられます。このワークシートの名前を、VBAのコードから変更するのがNameプロパティです。

次のコードは、ワークシートの名前を変更するマクロです。

```
Sub Macro1()
    Worksheets("sheet1").Name = "4月分"     「Sheet1」を「4月分」に変更する
End Sub
```

[シート名の変更]ボタンをクリックすると…

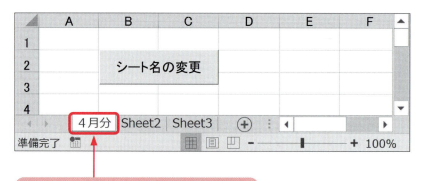

ワークシート「Sheet1」が「4月分」に変更される。

4 ▶▶ ワークシートの見出しの色を変更する

　Excelでは、ワークシートの見出しの色も、そのワークシートのデータの種類により色分けすると作業の効率化ができます。

　VBAでは、ワークシートの見出しの色は、TabオブジェクトのColorIndexプロパティで変更することができます。

 Tabプロパティ

Worksheetオブジェクト.Tab.ColorIndex ＝ 色番号
Tabプロパティは、ワークシートの見出しの色を設定します。

　Tabプロパティは、ワークシートの見出しの色を設定します。

　Tabオブジェクトは、ワークシートの見出しのオブジェクトです。Tabオブジェクトを取得するには、WorksheetオブジェクトのTabプロパティを使用します。

　Tabオブジェクトを取得したら、ColorIndexプロパティでセルの色を変更できます。

　次のコードは、ワークシートの見出しの色を変更するマクロの例です。

```
Sub Macro2()
    Worksheets("4月分").Tab.ColorIndex = 3     「4月分」の見出しを赤色に変更する
End Sub
```

　ColorIndexプロパティ以外にも、ColorプロパティのRGB値でワークシートの見出しの色の変更ができます。

例題 20 ワークシートがアクティブになったときに処理をする

請求書のワークシートがあります。このワークシートがアクティブになったときに、B11セルをアクティブセルにして、「請求書の入力を開始します。」のメッセージが表示されるマクロを、イベントプロシージャとして作成します。

完成例

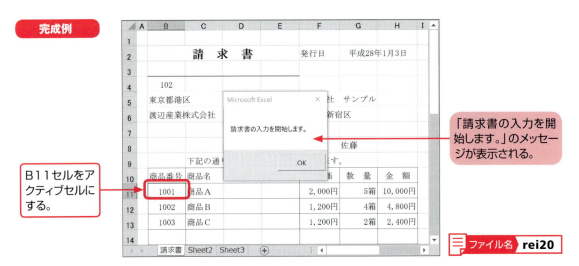

B11セルをアクティブセルにする。

「請求書の入力を開始します。」のメッセージが表示される。

ファイル名 **rei20**

5 ▶▶ イベントプロシージャの作成

　Worksheetのイベントプロシージャは、ワークシートを選択したときに操作を実行するプロシージャです。
　指定したワークシートをアクティブにしたときに、データ入力用のセルをアクティブセルにしたり、そのワークシート用のメッセージを表示することができます。

Worksheet_Activateイベント

Worksheetオブジェクト.Activate

Worksheet_Activateイベントは、ワークシートがアクティブになったときに発生します。Worksheet_Activateのイベントプロシージャは、指定したワークシートに移動したときに必ず決まった処理を実行する場合に設定します。
VBAのコードは、処理を実行するワークシートのコードウィンドウに記述します。

■Worksheetのイベントプロシージャ

Activate	ワークシートがアクティブになったとき	Calculate	ワークシートでの計算処理の後
Change	ワークシートの内容が変更になったとき	BeforeDoubleClick	セルをダブルクリックする前
		SelectionChange	セルを選択したとき
BeforeRightClick	セルを右クリックする前	Deactivate	ワークシートがアクティブでなくなったとき

PART 5　Lesson 1　ワークシートを選択する

次のコードでは、他のワークシートからこのワークシートをアクティブにした場合に、「こんにちは」のメッセージが表示されます。

```
Private Sub Worksheet_Activate()
    MsgBox "こんにちは"
End Sub
```

手順1

VBEのプロジェクトエクスプローラーで、VBAProjectからSheet1(請求書)をクリックして、コードウィンドウを表示します。

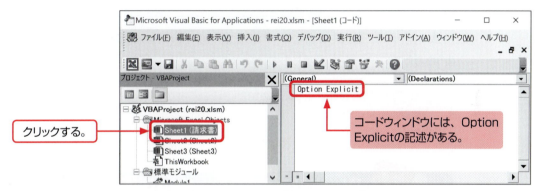

手順2

リストボックスから、[Worksheet]を選択します。

手順3

リストボックスから、[Activate]を選択します。

手順4

コードウィンドウに、Worksheet_Activateのプロシージャが自動的に作成されます。

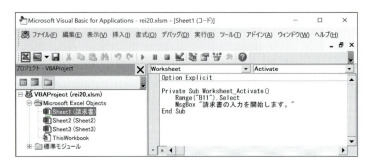

次のコードは、選択中のあるワークシートから他のワークシートに移動したときに、「さようなら」のメッセージを表示します。

```
Private Sub Worksheet_Deactivate()
    MsgBox "さようなら"
End Sub
```

  Worksheet_Deactivateイベント

Worksheetオブジェクト.Deactivate

Worksheet_Deactivateイベントは、ワークシートが非アクティブになったときに発生します。
Worksheet_Deactivateのイベントプロシージャは、選択中のワークシートから他のワークシートに移動したときに実行する処理を記述します。
VBAのコードは、処理を実行するワークシートのコードウィンドウに記述します。

6 ▶▶ Worksheet_Activateのイベントプロシージャのコード

```
Private Sub Worksheet_Activate()
    Range("B11").Select              請求書ワークシートのB11セルを選択する
    MsgBox "請求書の入力を開始します。"  MsgBox関数でメッセージを表示する
End Sub
```

Worksheet_Activateのイベントプロシージャは、指定したワークシートを選択したときに決まった処理を実行する場合に設定します。

また、Worksheet_Deactivateのイベントプロシージャは、選択中のワークシートから他のワークシートに移動したときに実行する処理を記述することができます。

PART 5 Lesson 1 ワークシートを選択する

やってみよう！54 ▶▶ ワークシートを作業グループ化する

「4月分」「5月分」「6月分」の3つのワークシートを作業グループ化するマクロを作成して、[シートのグループ化]ボタンのクリックで実行します。次に「4月分」ワークシートの見出しに「コード」「商品」「数量」「金額」の文字を入力します。データの入力後は、[グループ化の解除]ボタンのクリックでグループ化を解除して「4月分」ワークシートを選択します。

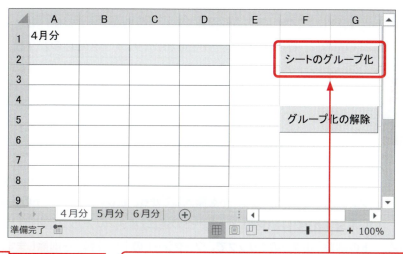

 ファイル名 **try54**

[シートのグループ化]ボタンをクリックすると、「4月分」「5月分」「6月分」のワークシートが作業グループ化される。

- ワークシートの作業グループ化は、**Select**メソッドで実行します。
- 2つめのワークシートの選択は、**Select**メソッドに**False**を付けます。
- セルへのデータの入力は、ユーザーが実行します。
- ワークシートの作業グループ化の解除は、**Select**メソッドで実行します。

ワンポイント ▶▶▶ ワークシートのグループ化について

　ワークシートを作業グループ化すると、一つのワークシートのセルへのデータ入力と数式の設定が他のワークシートへ反映されます。
　このためワークシートの作業グループ化は、複数のワークシートに同じデータ入力と数式の設定をするのに便利です。
　ワークシートの作業グループ化は、以下のコードように、Array関数を使用してもできます。

Sheets(Array("4月分", "5月分", "6月分")).Select

Lesson 2 ワークシートの追加と削除をする

学習のポイント
- **Add**メソッドで、新しいワークシートを追加する方法を学びます。
- **Delete**メソッドで、ワークシートを削除する方法を学びます。
- **ActiveSheet**プロパティで、アクティブシート名を取得する方法を学びます。

VBAによるワークシートの操作では、一時的なデータの並べ替えや抽出または集計のために、新しいワークシートを追加したり、データ処理の終了後には不要になったワークシートを削除することがあります。

例題 21 ワークシートの追加と削除をする

ワークブックに、「4月分」「5月分」「6月分」のワークシートがあります。このワークブックに新しいワークシートを挿入してから、新しいワークシートの名前を「合計額」に変更するマクロを作成して、[シートの追加] ボタンのクリックで実行します。また、[シートの削除] ボタンのクリックで、ワークシートの「合計額」を削除します。

完成例

[シートの追加] ボタンをクリックすると、「合計額」シートが追加される。

[シートの削除] ボタンをクリックすると、「合計額」シートが削除される。

ワークシートを削除する前には、Excelから確認のメッセージが表示される。

ファイル名 rei21

```
Sub Macro1()
    Worksheets.Add after:=Worksheets("6月分")    「6月分」の後にワークシートを追
                                                 加する
    ActiveSheet.Name = "合計額"                  追加したワークシートの名前を変
                                                 更する
End Sub
```

```
Sub Macro2()
    Worksheets("合計額").Delete                  ワークシート「合計額」を削除する
End Sub
```

1つのワークブックは、複数のワークシートのWorksheetsコレクションで構成されています。

このWorksheetsコレクションに新しいワークシートを追加するには、Worksheetsオブジェクトの Addメソッドを使用します。

Worksheetsオブジェクト.Add(Before, After, Count, Type)

Addメソッドは、新しいワークシートを指定した位置に追加します。
「Before」は、指定したワークシートの直前に、新しいワークシートを追加し「After」は、指定したワークシートの直後に、新しいワークシートを追加します。
「Count」には、追加するワークシートの数を指定します。既定値は「1」です。
「Type」には、ワークシートの種類を指定します。

Worksheetsコレクションにあるワークシートを削除するには、Worksheetsオブジェクトの Deleteメソッドを使用します。

Worksheetsオブジェクト.Delete

Deleteメソッドは、ワークシートを削除します。

Worksheetsコレクションにある複数のワークシートから、アクティブになっているワークシート名を取得するのに ActiveSheet プロパティを使用します。

Worksheetsオブジェクト. ActiveSheet

ActiveSheetプロパティは、アクティブシート（一番手前のシート）を返します。

アクティブになっているワークシート名を、メッセージで表示するコードです。

```
Sub Macro1()
    MsgBox ActiveSheet.Name
End Sub
```

ワークシート「合計額」が追加される前に［シートの削除］ボタンをクリックすると、実行時エラーが発生してマクロの実行が中断されます。

これは、Excelが存在しないワークシートを削除することができないからです。

この実行時エラーへの対処方法は、以下のようにMacro2のコードを修正してみてください。

ワークシート「合計額」が存在しないと、「合計額ワークシートがありません」のメッセージを表示します。

これで、VBAの実行時エラーは表示されません。

```
Sub Macro2()
    On Error GoTo エラー処理
    Worksheets("合計額").Delete            'ワークシート「合計額」を削除する
エラー処理:
    MsgBox "合計額ワークシートがありません"
End Sub
```

PART 5　Lesson 3　ワークシートのコピーと移動をする

ワークシートのコピーと移動をする

学習のポイント
- Copyメソッドで、ワークシートを指定した位置にコピーする方法を学びます。
- Moveメソッドで、ワークシートを指定した位置に移動する方法を学びます。

　Addメソッドによるワークシートの追加では、空白の新しいワークシートが作成されます。この空白のワークシートに、作業のために必要となる新しい表を作成するのは、その表に書式や数式の設定が多くあると時間のかかる作業になります。
　そこでワークシートのコピー機能を利用すると、表に書式と数式が設定されたワークシートをそのまま複写することができますので作業時間を短縮することができます。

ワークシートのコピーと移動をする

　ワークブックには、「4月分」「5月分」「6月分」「合計額」のワークシートがあります。この「6月分」のワークシートをコピーして「7月分」のワークシートにするマクロを作成して、[シートのコピー] ボタンのクリックで実行します。さらに「合計額」のワークシートを一番前の「4月分」の前に移動するマクロを作成して、[シートの移動] ボタンのクリックで実行します。

完成例

[シートのコピー] ボタンのクリックすると、「6月分」のワークシートをコピーして「7月分」のワークシートが作成される。

[シートの移動] ボタンのクリックすると、「合計額」のワークシートが「4月分」の前に移動する。

ファイル名 rei22

ワークブックは、複数のワークシートのWorksheetsコレクションで構成されています。このWorksheetsコレクションに、すでにあるワークシートをコピーして追加するには、WorksheetsオブジェクトのCopyメソッドを使用します。

```
Sub Macro1()                          「6月分」ワークシートを、「6月分」ワークシー
                                      トの後にコピーする
    Worksheets("6月分").Copy after:=Worksheets("6月分")
    ActiveSheet.Name = "7月分"         ワークシートの名前を「7月分」に変更する
    Range("A1").Value = "7月分"        A1セルの表示を「7月分」に変更する
End Sub
```

Worksheetsコレクションで、すでにあるワークシートを他の位置に移動するには、WorksheetsオブジェクトのMoveメソッドを使用します。

```
Sub Macro2()                          「合計額」ワークシートを、「4月分」ワークシー
                                      トの前に移動する
    Worksheets("合計額").Move before:=Worksheets("4月分")
End Sub
```

Copyメソッド

Worksheetsオブジェクト.Copy(BeforeまたはAfter)

Copyメソッドは、ワークシートを指定した位置にコピーします。
「Before」は、指定したワークシートの直前にコピーし、「After」は、指定したワークシートの直後にコピーします。

Moveメソッド

Worksheetsオブジェクト.Move(BeforeまたはAfter)

Moveメソッドは、ワークシートを指定した位置に移動します。
「Before」は、指定したワークシートの直前に移動し「After」は、指定したワークシートの直後に移動します。

セルの串刺し計算

　セルの串刺し計算とは、「合計額」ワークシートのセルの数式に、「4月分」「5月分」「6月分」の各ワークシートのセルの値が参照されていることです。「合計額」ワークシートのC3セルの数式が、=SUM('4月分:6月分'!C3) の場合は、
「合計額」C3セル=「4月分」C3セル+「5月分」C3セル+「6月分」C3セル
のように各ワークシートのセルの値が合計されます。
　ワークシート「合計額」のセルに他のワークシートからの串刺し計算の数式がある場合に、マクロで「6月分」ワークシートの後に「7月分」ワークシートを挿入しても、串刺し計算は新しい「7月分」ワークシートのセルには適用されません。
　この場合、串刺し計算を正しくするためには、「合計額」ワークシートの数式を変更することが必要です。

PART 5 Lesson 4 ワークシートの非表示と再表示をする

ワークシートの非表示と再表示をする

学習のポイント
- **Visible**プロパティで、ワークシートを非表示にする方法を学びます。
- **Visible**プロパティで、ワークシートを再表示する方法を学びます。

VBAによるワークシートの操作では、表示されているワークシートを非表示にして見ることができないようにすることができます。

この機能は、マスターとなるデータを管理しているだけのワークシートや、一時的な計算のためにワークシートを表示する必要がない場合に使用します。

また、1つのファイルを多くの人が共有して使用するワークシートでは、Excelの操作に慣れていないユーザーの誤操作からワークシートを守るために、非表示にする場合があります。

例題 23 ワークシートの非表示と再表示をする

ワークブックには、「商品単価表」「商品割引率」「商品利益率」のワークシートがあり、商品の売上個数により割引率を参照して単価を計算しています。「商品割引率」のワークシートは、日常の事務ではデータを変更することはないのでマクロを作成して、[シートの非表示] ボタンのクリックで非表示にします。また、[シートの再表示] ボタンで、非表示なっているワークシートを再表示します。

完成例

	A	B	C	D	E	F	G	H
1	商品単価表							
2	コード	商品名	売上個数	単価	売上金額		[シートの非表示]	
3	1001	商品A	80	2,000	160,000			
4	1002	商品B	300	2,400	720,000			
5							[シートの再表示]	

シート: 商品単価表 / 商品割引率 / 商品利益率

[シートの非表示] ボタンをクリックすると、「商品割引率」シートが見えなくなる。

[シートの再表示] ボタンをクリックすると、「商品割引率」シートが再表示される。

ファイル名 rei23

次のコードを入力します。

```
Sub Macro1()
    Worksheets("商品割引率").Visible = False     「商品割引率」ワークシートを非
                                                表示にする
End Sub
```

```
Sub Macro2()
    Worksheets("商品割引率").Visible = True      「商品割引率」ワークシートを再
                                                表示する
End Sub
```

 Visibleプロパティ

Worksheetsオブジェクト.Visible = 設定値
Visibleプロパティで、ワークシートの非表示と再表示をします。

■設定値と定数

True	ワークシートを表示する。
False	ワークシートを非表示にする。

■xlSheetVisibility クラスの定数

xlSheetHidden	ワークシートを非表示にします。ユーザーはメニューから再表示することができます。
xlSheetVeryHidden	ワークシートを非表示にします。このプロパティで再びxlSheetVisible を設定しない限り、ワークシートは表示されません。そのためユーザーはメニューからワークシートを再表示することはできません。
xlSheetVisible	ワークシートを表示します。

　Visibleプロパティでは、TrueとFalseの代わりにオブジェクトを表示するかどうかを表す「xlSheetVisibility」クラスの定数を設定することもできます。
　次のコードは、ワークシートのsheet1を非表示にするものです。

```
Sub Macro1()
    Sheets("Sheet1").Visible = xlVeryHidden
End Sub
```

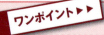 **VBAの組み込み定数**

　ワークシートのVisibleプロパティを設定する場合に使用するxlSheetHiddenやxlSheetVisibleなどの文字は、組み込み定数としてVBAで用意されています。
　VBAの組み込み定数は、プロパティを設定する場合、VBA関数やメソッドを実行する場合などに利用することができ、値の代わりにコード内のどの部分でも使うことができます。

PART 5 Lesson 5 ワークシートの保護と解除をする

Lesson 5 ワークシートの保護と解除をする

学習のポイント
- ProtectメソッドとUnprotectメソッドで、ワークシートの保護と解除をする方法を学びます。
- Lockedプロパティで、セルのロックの方法を学びます。
- FormulaHidden プロパティで、数式の非表示の方法を学びます。

　Excelでワークシートを保護するのは、ワークシートのデータや数式と関数を不要な変更から守るためです。Excelのファイルをネットで共有する環境では、Excelの操作に慣れていないユーザーの誤操作だけでなく、悪意のある第三者からのワークシートの変更にも注意しなくてはなりません。

　また、社外にファイルで配布するExcelのワークシートは、データや数式と関数が変更ができないように、ワークシートに保護をかけることもあります。

例題 24 ワークシートの保護と解除をする（やってみよう! 2より）

　見積書ワークシートに、パスワード付きで保護をかけます。ワークシートにパスワード付きで保護をかけると、セルのデータを変更するにはパスワードの入力が必要になります。

　見積書ワークシートに保護をかけるマクロを作成して、［シートの保護設定］ボタンのクリックで実行します。また、［シートの保護解除］ボタンのクリックで、ワークシートの保護を解除します。

完成例

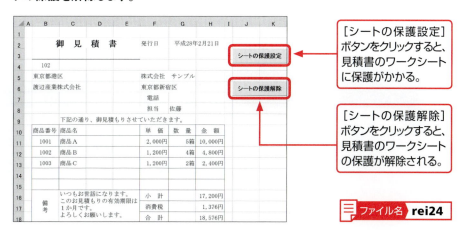

［シートの保護設定］ボタンをクリックすると、見積書のワークシートに保護がかかる。

［シートの保護解除］ボタンをクリックすると、見積書のワークシートの保護が解除される。

ファイル名 **rei24**

次のコードを入力します。

```
Sub Macro1()
    Worksheets("見積書").Protect "PASS"
End Sub                         「見積書」ワークシートをパスワードで保護する
```

```
Sub Macro2()
    Worksheets("見積書").Unprotect "PASS"
End Sub                         「見積書」ワークシートの保護をパスワードで解除
                                する
```

 Protectメソッド

Worksheetsオブジェクト.Protect（パスワード）

Protectメソッドは、ワークシートを保護して変更できないようにします。
ワークシートの保護は、パスワードとして文字列を指定できます。このパスワードは大文字と小文字が区別されます。
パスワードを省略すると、パスワードの入力なしで保護解除ができます。
ただし、設定したパスワードを忘れると、ワークシートの保護を解除できなくなりますので注意してください。

　Protectメソッドでは、ワークシートを保護してもセルの書式設定や行の挿入と削除を許可するなどの複雑な設定ができます。ワークシートの保護設定の詳細は、VBAのヘルプを参考にしてください。

 Unprotectメソッド

Worksheetsオブジェクト.Unprotect（パスワード）

Unprotectメソッドは、ワークシートの保護を解除します。

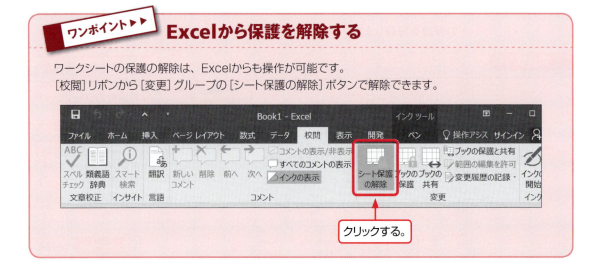

ワンポイント▶▶ Excelから保護を解除する

ワークシートの保護の解除は、Excelからも操作が可能です。
［校閲］リボンから［変更］グループの［シート保護の解除］ボタンで解除できます。

クリックする。

[シートの保護の解除] ダイアログボックスで、パスワードの入力を求められますので、パスワードを入力して解除します。

パスワード「PASS」を入力して[OK]ボタンをクリックする。

 **VBAのコードを保護する**

　マクロとVBAのコードは、VBEのコードウィンドウから誰でも見ることができるようになっています。多くの人が共有して利用するExcelファイルは、VBAのコードを第三者の変更から守ることが必要になります。
　このためVBAのコードを保護するために、VBAProjectにパスワードを設定することができるようになっています。
　VBAProjectにパスワードを設定するには、次のように操作をしてください。
　VBEのメニューバーの[ツール]から[VBAProjectのプロパティ]をクリックして、[VBAProject-プロジェクト プロパティ]ダイアログボックスを表示します。
　[VBAProject-プロジェクト プロパティ]ダイアログボックスの[保護]タブをクリックして[プロジェクトを表示用にロックする]にチェックを付けて、[プロジェクトのプロパティ表示のためのパスワード]にパスワードを入力し、ファイルを上書き保存して閉じます。

　VBAProjectのパスワードを忘れると、VBAのコードを表示できなくなってしまうので注意してください。

ワークシートに保護をかけてセルのデータの変更ができないようにするには、保護したワークシートのすべてのセルにロックをかけることが必要になります。

　セルのロックは［セルの書式設定］ダイアログボックスから、［保護］タブの［ロック］にチェックを付けます。このチェックが付いていないと、ワークシートを保護してもデータの変更ができます。

チェックを付ける。

　ワークシートの保護は、セルの数式や関数を不要な変更から守ることができます。しかし、ワークシート全体が保護されると、データを入力するセルにまでロックがかかり必要なデータの入力ができなくなります。

　Lockedプロパティは、ワークシートが保護された状態で、データの入力が必要なセルのみロックを解除してデータの入力をすることができます。

　ただし、ワークシートを保護しなければ、セルのロックは有効になりません。

書式　Lockedプロパティ

Rangeオブジェクト.Locked = (TrueまたはFalse)

Lockedプロパティは、ワークシートが保護されているときにセルのロックの設定をします。
Trueの場合、セルがロックされワークシートが保護されるとセルの変更はできません。
Falseの場合、ワークシートが保護されていてもセルを変更することができます。

　ワークシートが保護されていても、ワークシート内のセルの数式と関数は誰でも見ることができます。

　FormulaHiddenプロパティは、ワークシートが保護された状態で、数式と関数のあるセルがアクティブになっても、セルの数式と関数を見えなくすることができます。

　ただし、ワークシートを保護しなければ、数式は非表示にはなりません。

書式　FormulaHiddenプロパティ

Rangeオブジェクト. FormulaHidden = (TrueまたはFalse)

FormulaHiddenプロパティは、ワークシートが保護されているときに数式の表示の設定をします。
True の場合、ワークシートが保護されていると数式は、非表示となります。

PART 5 Lesson 5 ワークシートの保護と解除をする

やってみよう! 55 ▶▶ ワークシートを保護してデータを入力する

　請求書ワークシートに、パスワード付きで保護をかけます。ワークシートに保護をかけると、ロックをかけたセルはデータの入力ができませんが、ロックを解除したセルはデータの入力ができます。
　データを入力するセルのロックを解除してから、請求書のワークシートに保護をかけるマクロを作成して、[シートの保護設定]ボタンのクリックで実行します。また、[シートの保護解除]ボタンをクリックして、ワークシートの保護を解除します。シートの保護を解除する際には、ユーザーにパスワードの入力を求め、入力したパスワードが正しいときは、保護を解除し、ユーザーが入力したパスワードが誤っているときは、メッセージを表示します。
　さらに、データを入力するセルの内容を消去する[データの消去]ボタンを設定し、このボタンをクリックすると、データの消去前にメッセージでユーザーの許可を求めるようにします。

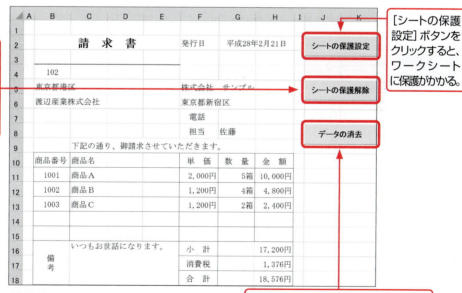

ファイル名 **try55**

- **Locked**プロパティの**False**でセルのロックを解除します。
- **Protect**メソッドによりパスワード付きでワークシートを保護します。
- **Inputbox**関数で、ユーザーにパスワードの入力を求めます。
- **Unprotect**メソッドによりパスワード付きのワークシートの保護を解除します。
- **Msgbox**関数で、ユーザーにデータの消去の許可を求めます。

Lesson 6 ワークシートを印刷する

学習のポイント
- ワークシートとセル範囲の印刷設定の方法を学びます。
- 用紙サイズと上下左右の余白や拡大と縮小の印刷設定の方法を学びます。
- ヘッダーとフッターの印刷設定の方法を学びます。

　VBAによるワークシートの印刷では、ワークシートを指定しての印刷とセル範囲を選択してから印刷をすることができます。

　さらにVBAからは、PageSetupプロパティですべての印刷設定の機能（印刷範囲、ページ番号、上下左右余白、用紙サイズなど）を変更することができます。

　Excelのワークシートの印刷設定は非常に多岐に渡りますので、すべての印刷設定の機能を解説することはできません。そのため、このLessonでは、よく利用される印刷設定について解説をしていますので、より詳しい印刷設定の方法は、VBAのヘルプで確認してください。

1 ▶▶ ワークシートを印刷する

　VBAでワークシートを印刷するには、PrintOutメソッドを使用します。PrintOutメソッドを、Rangeオブジェクトによりセル範囲を指定せずに実行すると、そのワークシートの印刷範囲（PrintArea）として設定されているセル範囲が印刷されます。

```
Sub Macro1()
    Worksheets("Sheet1").PrintOut    ワークシート「Sheet1」を印刷します
End Sub
```

　ワークシートの印刷枚数は、PrintOutメソッドのCopiesで指定します。
「Worksheets("Sheets1").PrintOut Copies:=2」では、2枚印刷します。

 **VBAからの印刷設定**

マクロの自動記録から印刷用紙をA4縦からA4横に変更する操作を記録して、そのコードを確認してみてください。記録されたVBAのコードは、非常に長いものになります。

記録されたVBAコードから、VBAはExcelのすべての印刷設定を同時に変更できることがわかります。

PrintOutメソッドは、プリンターへ出力処理を実行します。

VBAから印刷を実行するプリンターは、Windowsに「通常使うプリンター」として設定してあるプリンターになります。この出力先は、VBAのコードでPDFファイルやFAX、XPSファイルに変更をすることができます。

次のコードは、選択中のワークシートをプリンターに印刷するものです。

```
Sub Macro1()
    ActiveSheet.PrintOut
End Sub
```

 PrintOutメソッド

Worksheetオブジェクト.PrintOut(From, To, Copies, Preview, ActivePrinter, PrintToFile, Collate, PrToFileName, IgnorePrintAreas)

PrintOutメソッドは、指定したワークシートを印刷します。

■パラメータの説明

From	印刷を開始するページの番号を指定します。
To	印刷を終了するページの番号を指定します。
Copies	印刷部数を指定します。省略すると印刷部数は1部です。
Preview	Trueの場合、印刷をする前に印刷プレビューを実行します。
ActivePrinter	アクティブなプリンターの名前を指定します。
PrintToFile	Trueの場合、ファイルへ出力します。
Collate	Trueの場合、部単位で印刷します。
PrToFileName	出力したいファイルの名前を指定します。
IgnorePrintAreas	Trueの場合、印刷範囲を無視して印刷します。

VBAはプリンターへの印刷だけでなく、PrintPreviewメソッドで印刷前の確認のための印刷プレビューを表示することができます。

次のコードは、選択中のワークシートの印刷プレビューを表示するものです。

```
Sub Macro1()
    ActiveSheet.PrintPreview
End Sub
```

 PrintPreviewメソッド

Worksheetオブジェクト.PrintPreview

PrintPreviewメソッドは、印刷プレビュー(印刷時のイメージ)を表示します。

例題 25 ワークシートのセル範囲を印刷する

ワークシートに給与明細書が3人分作成されています。この給与明細書を各人に配布するため一人ごと印刷するマクロを作成して、[シートの印刷]ボタンのクリックで実行します。印刷を実行する前には、ユーザーに「シートを印刷しますか?」のメッセージを表示します。

完成例

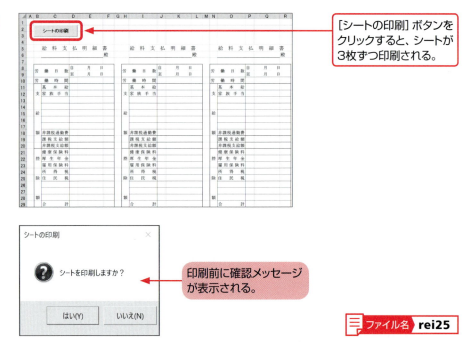

[シートの印刷]ボタンをクリックすると、シートが3枚ずつ印刷される。

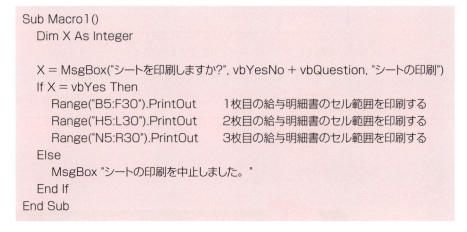

印刷前に確認メッセージが表示される。

ファイル名 **rei25**

次のコードを入力します。

```
Sub Macro1()
    Dim X As Integer

    X = MsgBox("シートを印刷しますか?", vbYesNo + vbQuestion, "シートの印刷")
    If X = vbYes Then
        Range("B5:F30").PrintOut      1枚目の給与明細書のセル範囲を印刷する
        Range("H5:L30").PrintOut      2枚目の給与明細書のセル範囲を印刷する
        Range("N5:R30").PrintOut      3枚目の給与明細書のセル範囲を印刷する
    Else
        MsgBox "シートの印刷を中止しました。"
    End If
End Sub
```

Range.PrintOutメソッドは、ワークシートのセル範囲を指定して印刷することができます。Excelの[ファイル]から[印刷]メニューで印刷すると、3人分の給与明細書がA4用紙1枚で印刷されます。

PART 5　Lesson 6　ワークシートを印刷する

　通常ワークシートの印刷範囲は、Excelの［ページレイアウト］リボンの［印刷範囲］ボタンから設定します。VBAではRange.PrintOutメソッドにより、この操作をコードで実行することができます。

> **書式　Range.PrintOutメソッド**
>
> **Rangeオブジェクト.PrintOut(From, To, Copies, Preview, ActivePrinter, PrintToFile, Collate, PrToFileName, IgnorePrintAreas)**
>
> Range.PrintOutメソッドは、指定したセルの範囲を印刷します。
> パラメータは、PrintOutメソッドと同じです。

　すべてのワークシートを印刷する

　「4月分」「5月分」「6月分」「合計額」のワークシートごとにそれぞれ印刷するマクロを作成して、［シートの印刷］ボタンのクリックで実行します。「合計額」のワークシートには、ワークブック内のすべてのワークシートを一括印刷するマクロを作成して、［全シートの印刷］ボタンのクリックで実行します。また、印刷を実行する前には、ユーザーに「印刷します」のメッセージを表示します。
※解答ではボタンのクリック後に、印刷プレビューを表示します。

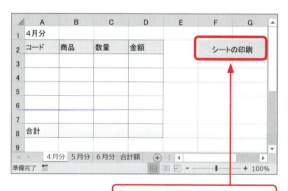

［シートの印刷］ボタンをクリックすると、各シートを印刷する。

［全シートの印刷］ボタンをクリックすると、すべてのワークシートを一括印刷する。

ファイル名　**try56**

● MsgBox関数で、ワークシートの印刷の実行前にユーザーに確認します。
● PrintOutメソッドで印刷を実行します。
● PrintPreviewメソッドで、印刷プレビューを表示します。
● For Each～Nextステートメントで、すべてのワークシートを連続して印刷します。

やってみよう！57 ワークシートを1ページに収めて印刷する

郵便番号と住所のワークシートがあります。このワークシートを印刷するには、最初の設定のB5用紙の横向きでは1ページで印刷することができません。そこでA4用紙の縦向きで縦と横の印刷範囲が1ページに収まるように設定するマクロを作成して、［印刷範囲の設定］ボタンのクリックで実行します。また、［印刷範囲の解除］ボタンのクリックで、元のB5用紙で横向き印刷設定に戻します。
※解答ではボタンのクリック後に、印刷プレビューを表示します。

［印刷範囲の設定］ボタンをクリックすると、設定した印刷が行われる。

 ファイル名 try57

ヒント

- Zoom = Falseで、拡大と縮小の設定を取り消します。
- PaperSize = xlPaperA4で、A4用紙にします。
- Orientation = xlPortraitで、用紙を縦向きにします。
- FitToPagesTall = 1で、縦方向の印刷を1ページに収めます。
- FitToPagesWide = 1で、横方向の印刷を1ページに収めます。
- Zoom = 100で、元の印刷設定に戻します。

書式 PageSetupプロパティ

Worksheetオブジェクト.PageSetup

PageSetupプロパティは、Excelのすべてのページ設定機能（印刷範囲、上下左右余白、用紙サイズなど）を利用することができます。

■PageSetupプロパティのページ印刷の設定

Orientation	印刷の向きを設定します。xlLandscapeで横、xlPortraitで縦の設定になります。
Zoom	ワークシートの印刷で、拡大率または縮小率を設定します。TrueまたはFalse、拡大率縮小率(%)は10～400の範囲の値になります。
FitToPagesTall	ワークシートの印刷で、縦のページ数で収める値を指定します。
FitToPagesWide	ワークシートの印刷で、横のページ数で収める値を指定します。
PaperSize	用紙サイズを設定します。xlPaperA4はA4用紙、xlPaperB5はB5用紙などの定数で指定します。＊他の用紙の設定についてはVBAのヘルプで確認してください。

PART 5　Lesson 6　ワークシートを印刷する

やってみよう！58 ▶▶ 余白の調整と用紙の中央に印刷する

　担当者別の売上集計表があります。この表は用紙サイズよりも小さいため、上の余白を100ポイントと左の余白を100ポイントに印刷設定を変更して、［余白の調整］ボタンのクリックで実行します。さらに、この表を用紙の水平と垂直の中央に印刷設定するマクロを作成して、［用紙の中央］ボタンのクリックで実行します。また、［標準に戻す］ボタンのクリックで、元の用紙の左上側から20ポイントの印刷に戻します。
※解答ではボタンのクリック後に、印刷プレビューを表示します。

ファイル名　**try58**

- ●**TopMargin = 100**で、上余白を設定します。
- ●**LeftMargin = 100**で、左余白を設定します。
- ●**CenterHorizontally = True**で、水平方向の中央寄せに設定します。
- ●**CenterVertically = True**で、垂直方向の中央寄せに設定します。

■**PageSetup**プロパティの余白の設定

HeaderMargin	ヘッダーの余白(用紙の上端からヘッダーまでの距離)の値をポイント単位で設定します。
FooterMargin	フッターの余白(用紙の下端からフッターまでの距離)の値をポイント単位で設定します。
TopMargin	上余白の大きさをポイント単位で設定します。
BottomMargin	下余白の大きさをポイント単位で設定します。
LeftMargin	左余白の大きさをポイント単位で設定します。
RightMargin	右余白の大きさをポイント単位で設定します。
CenterHorizontally	Trueの場合、印刷時のシートのページレイアウトの設定を水平方向の中央寄せにします。
CenterVertically	Trueの場合、印刷時のシートのページレイアウトの設定を垂直方向の中央寄せにします。

 **ポイント単位を変換する**

　印刷設定の上下左右の余白は、ポイント(ポイントは印刷する文字のサイズの基本単位で1ポイントは、約0.0353 cm=1/72インチ)で指定します。
　この余白の単位を、センチに変更するには、Application.CentimetersToPointsメソッドを使用します。2センチをポイント単位に変換しての左余白に設定する例です。

ActiveSheet.PageSetup.LeftMargin = Application.CentimetersToPoints(2)

やってみよう！59　表題と日付やページ番号を印刷する

　担当者別売上集計表を印刷します。印刷する表のヘッダーの左側に「担当者別売上集計表」の文字列を、中央に印刷した日付、右側にページ数を表示するマクロを作成して、[ヘッダーの設定]ボタンのクリックで実行します。さらに、フッターの左側にファイル名、中央にページ数と総ページ数を表示するマクロを作成して[フッターの設定]ボタンで実行します。また、[設定を解除する]ボタンのクリックで、ヘッダーとフッターの設定を取り消します。
※解答ではボタンのクリック後に、印刷プレビューを表示します。

	A	B	C	D	E	F	G	H	I	J	K
1		4月	5月	6月	7月	8月	9月	合計			
2	伊藤	567,000	345,000	450,000	324,000	644,700	780,000	3,110,700		ヘッダーの設定	
3	鈴木	345,000	765,000	532,000	567,000	345,000	898,360	3,452,360			
4	山本	442,300	679,000	435,000	234,000	764,220	546,000	3,100,520		フッターの設定	
5	内田	435,000	990,000	762,300	980,000	466,200	75,200	3,708,700			
6	佐藤	341,000	753,100	542,000	896,330	887,200	365,200	3,784,830		設定を解除する	
7	合計	2,130,300	3,532,100	2,721,300	3,001,330	3,107,320	2,664,760	17,157,110			

ファイル名　**try59**

- **LeftHeader**で、表題を設定します。
- **CenterHeader**で、日付を設定します。
- **RightHeade**で、ページを設定します。
- **LeftFooter**で、ファイル名を設定します。
- **CenterFooter**で、ページ数と総ページ数を設定します。
- ヘッダーとフッターの解除は、空白（= ""）を記述します。

■**PageSetup**プロパティのヘッダーとフッターの設定

LeftHeader	左ヘッダーの文字列の配置を設定します。
CenterHeader	中央ヘッダーの文字列の配置を設定します。
RightHeader	右ヘッダーの文字列の配置を設定します。
LeftFooter	左フッターの文字列の配置を設定します。
CenterFooter	中央フッターの文字列の配置を設定します。
RightFooter	右フッターの文字列の配置を設定します。

■ヘッダーとフッターで利用できる記号（主なもの）

&L	文字列を左詰めに配置します。	&nn	指定したフォントサイズで文字を印刷します。
&C	文字列を中央揃えに配置します。	&D	現在の日付を印刷します。
&R	文字列を右詰めに配置します。	&T	現在の時刻を印刷します。
&X	上付き文字を印刷します。	&F	ファイルの名前を印刷します。
&Y	下付き文字を印刷します。	&P	ページ番号を印刷します。
&B	文字列を太字で印刷します。	&N	ファイルのすべてのページ数を印刷します。
&"フォント名"	指定したフォントで文字を印刷します。	&G	イメージを挿入します。

PART 5　Lesson 6　ワークシートを印刷する

やってみよう！60　見出しの行を固定して枠線を印刷する

　郵便番号と住所の表があります。この表を印刷すると2ページになるため、表の見出しの行の「郵便番号」と「住所」を固定して印刷するマクロを作成します。さらにこの表では罫線を引いていないため枠線の印刷と、表題の中央を「郵便番号と住所」に設定するマクロを作成して、[見出しの設定]ボタンのクリックで実行します。また、[見出しの解除]ボタンのクリックで、見出しを固定せず枠線を印刷しない設定に戻します。
※解答ではボタンのクリック後に、印刷プレビューを表示します。

	A	B	C	D	E	F	G
1		郵便番号と住所					
2	郵便番号	住所1	住所2	住所3			
3	1066090	東京都	港区	六本木泉ガーデンタワー（地階・階層不明）		見出しの設定	
4	1066001	東京都	港区	六本木泉ガーデンタワー（1階）			
5	1066002	東京都	港区	六本木泉ガーデンタワー（2階）			
6	1066003	東京都	港区	六本木泉ガーデンタワー（3階）		見出しの解除	
7	1066004	東京都	港区	六本木泉ガーデンタワー（4階）			
8	1066005	東京都	港区	六本木泉ガーデンタワー（5階）			

ファイル名 **try60**

- **PrintTitleRows**で見出しの行を設定します。
- **PrintArea**で印刷するセル範囲を設定します。
- **CenterHeader**で表題を設定します。
- **PrintGridlines = True**で枠線を印刷します。
- ヘッダーとフッターの解除は、空白（= ""）を入力します。

■**PageSetup**プロパティのシートの設定

PrintArea	印刷するセル範囲を設定します。
PrintTitleRows	各ページの上端に常に表示する行を設定します。
PrintTitleColumns	各ページの左端に常に表示する列を設定します。
PrintGridlines	Trueの場合、セルの枠線を印刷します。
BlackAndWhite	Trueの場合、ワークシートを白黒で印刷します。
PrintHeadings	Trueの場合、行と列の番号を印刷します。

PageSetup.PrintAreaプロパティ

PageSetup.PrintArea = セル範囲
PageSetup.PrintAreaプロパティは、印刷するセル範囲を文字列で設定します。

参考　カラー印刷と白黒印刷

　PageSetupプロパティは、「BlackAndWhite = True」で白黒印刷に、「BlackAndWhite = False」ではカラー印刷をすることができます。

　ワークシートを白黒印刷するのは、カラー印刷に対応していないプリンターでは、白黒印刷のほうがきれいに印刷できることがあるからです。また、カラー印刷できるプリンターでも、インクの節約のために白黒印刷をすることがあります。

ワンポイント▶▶　ワークシートをPDFファイルで発行する

　PDFファイルで作成した文書は、アドビシステムズ社のAdobe Readerがインストールされたパソコンであれば、元のレイアウトどおりに表示と印刷をすることができます。そのためPDFファイルは、ビジネスでは標準的な書類のフォーマットになっています。

　Excelでは標準でPDFファイルを発行する機能が組み込まれています。

　VBAからは、ExportAsFixedFormatメソッドを使用してワークシートの印刷範囲をPDFファイルとして発行することができます。

セル範囲をname.pdfという名前のPDFファイルとして発行するコード

```
Range("A1:F8").ExportAsFixedFormat Type:=xlTypePDF, Filename:="name.pdf", OpenAfterPublish:=True
```

　Adobe Readerがインストールされていないパソコンでは、PDFファイルは、Microsoft Edge（Windows 10のWebブラウザ）で開くことができます。

ワンポイント▶▶　ワークシートを任意の倍率で印刷する

　PageSetupプロパティのZoomオプションを使用すると、ワークシートを印刷するときに拡大率または縮小率を任意の倍率で設定することができます（拡大率または縮小率（%）は10～400の範囲の値になります）。

　この機能を利用すると、用紙のサイズがB4で設定されているワークシートを、Excelの[ページレイアウト]の[ページ設定]ダイアログボックスを使用せずに、印刷時のみA4サイズで印刷することができます。

B4の用紙サイズのワークシートをA4サイズの用紙に印刷するコード

```
Sub Macro1()
    ActiveSheet.PageSetup.Zoom=82
    ActiveSheet.PrintOut
End Sub
```

拡大印刷	拡大141%	A4→A3	B5→B4	縮小印刷	縮小87%	A3→B4	A4→B5
	拡大122%	A4→B4	A5→B5		縮小82%	B4→A4	B5→A5
	拡大115%	B4→A3	B5→A4		縮小71%	A3→A4	B4→B5

※お使いのプリンターにより拡大率または縮小率が違うことがあります。

PART 6

ワークブックとファイルの操作

▶▶ Lesson 1　ワークブックを開く・閉じる
▶▶ Lesson 2　ワークブックにパスワードを設定する
▶▶ Lesson 3　データのファイルへの保存と読み込み

ワークブックを開く・閉じる

学習のポイント
- ワークブックを開く方法を学びます。
- ワークブックを保存する方法を学びます。
- ワークブックを閉じる方法を学びます。

VBAでのワークブックの操作は、同時に複数のワークブックを開いてワークシートへデータの入力をする場合やワークブックを次から次へと移動して処理をする場合に必要になります。

1 ▶▶ ワークブックを開く

VBAからワークブックを開くには、WorkbooksコレクションのOpenメソッドを使用します。Openメソッドは、最初に開いたファイルから次のファイルを開く場合など、同時に複数のワークブックを開いて操作するときに使用します。

 Openメソッド

Workbooks.Open(FileName, UpdateLinks, ReadOnly, Format, Password, WriteResPassword)
Openメソッドは、ワークブックを開きます。

■省略可能なパラメータの説明（主なもの）

FileName	開くワークブックのファイル名です。
UpdateLinks	ファイル内の外部参照（リンク）の更新方法を指定します。
ReadOnly	Trueで、ワークブックを読み取り専用モードで開きます。
Format	テキストファイルを開く場合の区切り文字を指定します。
Password	パスワードで保護されたワークブックを開くのに必要なパスワードを指定します。
WriteResPassword	書き込み保護されたワークブックに書き込みをするために必要なパスワードを指定します。

すでに開いているワークブックBook1のマクロからBook2を開くコードです。

```
Workbooks.Open "Book2.xlsm"
```

ファイルを読み取り専用で開くときは、ReadOnly = Trueとします。

```
Workbooks.Open "Book2.xlsm" ReadOnly: = True
```

Openメソッドで、開くワークブックのファイル名は、そのファイルがExcelのカレントフォルダにない場合には、カレントドライブからのパスの指定が必要です。

次の2つの例を比較してください。

★カレントフォルダにブックがある場合

```
Workbooks.Open "Book1.xlsm"
```

★カレントフォルダにブックがない場合

```
Workbooks.Open "C:¥Users¥Documents¥Book1.xlsm"
```

また、パスワードで保護されたワークブックを開くには、オプションのPasswordを使用します。パスワードを付けずにファイルを開くと、Excelからパスワードの入力を求められます。

ワンポイント ▶▶ Excelのカレントフォルダ

Openメソッドで、ワークブックのファイル名のみを指定した場合は、Excelはカレントフォルダを検索します。カレントフォルダに指定したファイルが見つからない場合は、ファイルを開くことができません。カレントフォルダ以外にあるファイルは、カレントドライブからのパスを付けて指定します。

Excelのカレントフォルダは、[Excelのオプション]ダイアログボックスから、[保存]を選択して[既定のローカルファイルの保存場所]で確認することができます。

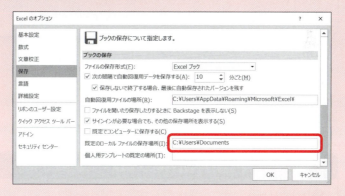

---

2 ▶▶ ワークブックの選択と追加をする

ワークブックを1ファイルだけ開いて処理しているときには必要ありませんが、複数のワークブック(Workbooksコレクション)を開いて同時に処理を実行するときは、対象となるワークブック(Workbookオブジェクト)を選択することが必要になります。

さらに同時に開いている複数のワークブックの間は、Activateメソッドで移動することができます。

Activateメソッドでアクティブになったワークブックは、その最初のワークシートのウィンドウを開きます。

 Activateメソッド

Workbookオブジェクト.Activate
Activateメソッドは、指定されたワークブックをアクティブにします。

　ワークブックのSheet2.xlsmをアクティブにするコードです。

```
Workbooks( "Sheet2.xlsm").Activate
```

　同時に開いている複数のワークブックの中で、アクティブになっているワークブックの名前は、ActiveWorkbookプロパティで取得することができます。

 ActiveWorkbookプロパティ

Applicationオブジェクト. ActiveWorkbook
ActiveWorkbookプロパティは、一番手前に表示されているアクティブウィンドウにあるワークブックを返します。

 Nameプロパティ

Workbookオブジェクト.Name
Nameプロパティは、ワークブックの名前の文字列を返します。

　アクティブになっているワークブックの名前を表示するコードです。

```
Sub Macro1()
    MsgBox ActiveWorkbook.Name
End Sub
```

 FullNameプロパティ

Workbookオブジェクト.FullName
FullNameプロパティは、ワークブックの名前の文字列を返します。名前にはディスク上のパスが含まれます。

　アクティブになっているワークブックの名前を表示するコードです。「C:¥Users¥Documents¥Book1.xlsm」のようにパスとワークブック名が表示されます。ただし、一度保存したワークブックでないと、ディスク上のパスは表示されません。

```
Sub Macro1()
    MsgBox ActiveWorkbook.FullName
End Sub
```

同時に開いている複数のワークブックのうち、1つのワークブックを処理の対象とする場合は、Workbooksプロパティでワークブックの名前を指定します。

Workbooksプロパティ

Applicationオブジェクト.Workbooks(ブック名)
Workbooksプロパティは、同時に開いているすべてのワークブックのWorkbooksコレクションを返します。

同時に開いているBook1とBook2のワークブックで、Book1のSheet1のA1セルの値をBook2のSheet2のB2セルの値に代入するコードです。

```
WorkBooks("Book2").WorkSheets("Sheet2").Range("B2")=
WorkBooks("Book1").WorkSheets("Sheet1").Range("A1")
```

ワークブックの操作では、マクロを組み込んだ複数のワークブックを同時に開いてマクロを実行するときに、どのワークブックのマクロを実行しているのか識別する必要があります。その場合には、ThisWorkBookプロパティを使用します。

ThisWorkbookプロパティ

Applicationオブジェクト. ThisWorkbook
ThisWorkbookプロパティは、同時に開いているワークブックで、現在実行中のマクロのコードが記述されているワークブックの名前を返します。

マクロを実行中のワークブックの名前を表示するコードです。

```
Sub Macro1()
    MsgBox ThisWorkbook.Name
End Sub
```

Addメソッドは、ワークブックのWorkbooksコレクションに新しいワークブックを追加することができます。

Addメソッド

Applicationオブジェクト.Add(Template)
Addメソッドは、新しいブックを作成します。新しいブックが作業中のブックになります。追加するブックの種類「Template」は、省略できます。

現在作業中のワークブックに追加して新しいワークブックを開くコードです。

```
Sub Macro1()
    Workbooks.Add
End Sub
```

3 ▶▶ ワークブックを保存する

　Excelでは、ワークブックへのデータ入力の作業中に定期的にファイルを上書き保存することがあります。

　WindowsやExcelの異常終了からファイルを守るために定期的にファイルを上書き保存しておけば、不測の事態から作業途中のデータを守ることができます。

　VBAによるワークブックの保存には、作業中のファイル名で上書き保存するSaveメソッド、別名で保存するSaveAsメソッド、コピーを保存するSaveCopyAsメソッドがあります。

　Saveメソッドは、Excelのリボンの[ファイル]タブからの[上書き保存]と同じ処理を実行することができます。

Saveメソッド

Workbookオブジェクト.Save
Saveメソッドは、指定されたブックへの変更を保存します。

現在開いているワークブックを上書き保存するコードです。

```
Sub Macro1()
    ActiveWorkbook.Save
End Sub
```

　SaveAsメソッドは、Excelのリボンの[ファイル]タブからの[名前を付けて保存]と同じ処理を実行することができます。

　ファイルを保存する場所は、Excelのカレントフォルダになります。ファイルを保存する場所を指定するには、ファイル名にカレントドライブからパスを付けて保存処理を実行します。

SaveAsメソッド

Workbookオブジェクト.SaveAs(FileName, FileFormat, Password, WriteResPassword)
SaveAsメソッドは、ブックへの変更を別のファイル名で保存します。

■省略可能なパラメータの説明（主なもの）

FileName	保存するワークブックのファイル名です。
FileFormat	ファイルを保存するときのファイル形式を指定します。
Password	ファイルを保護するためのパスワードを指定します。
WriteResPassword	ファイルの書き込みパスワードを表す文字列を指定します。

＊パスワードは、大文字と小文字が区別されます。

SaveCopyASメソッドは、作業中のワークブックのコピーをファイルに保存しますが、作業中のファイルの保存は行われません。

作業中のファイルの保存は、SaveメソッドまたはSaveAsメソッドを使用します。

SaveCopyAsメソッド

Workbookオブジェクト.SaveCopyAs(ファイル名)

SaveCopyAsメソッドは、ワークブックのコピーをファイルに保存します。作業中のワークブックに対しての変更は行われません。
「ファイル名」は、省略できます。

ワークブックをbakup_book.xlsxのファイル名で保存するコードです。

```
ActiveWorkbook.SaveAs("bakup_book.xlsx")
```

SaveCopyAsメソッドは、ファイルのバックアップを定期的に作成する場合に利用します。

SaveCopyAsメソッドで作成されるワークブックは、保存するカレントドライブからのパスを指定しないとExcelのカレントフォルダに保存されます。

4 ▶▶ ワークブックを閉じる

開いたワークブックは、データを変更した後は必ず閉じなければなりません。ワークブックのファイルを閉じるにはCloseメソッドを使用します。

Closeメソッド

Workbookオブジェクト.Close(SaveChanges, Filename)

Closeメソッドは、ワークブックのファイルを閉じます。

■省略可能なパラメータの説明（主なもの）

SaveChanges	ワークブックに変更がある場合、変更を保存するかどうかを指定します。Trueを指定すると変更が保存されます。
Filename	変更後のブックのファイル名です。

ワークブックの変更を保存せずにファイルを閉じるコードです。

```
ActiveWorkbook.Close SaveChanges:=False
```

Closeメソッドでワークブックのファイルを閉じる場合は、オプションのSaveChangesでワークブックの変更を保存するかどうかを指定できます。

　新規ブックでは、SaveChangesが「True」でFilenameが指定されていない場合は、Excelから［名前を付けて保存］ダイアログボックスが表示されます。

　Workbook.Closeメソッドは、ファイル名を指定してワークブックを閉じます。開かれている複数のワークブックをすべて閉じるには、Workbooks.Closeメソッドを使用します。

Lesson 2 ワークブックにパスワードを設定する

学習のポイント
- ワークブックに読み取りパスワードを設定する方法を学びます。
- ワークブックに書き込みパスワードを設定する方法を学びます。
- ワークブックのイベントプロシージャについて学びます。

1 ▶▶ ワークブックに「読み取りパスワード」を設定する

　Excelのワークブックには、役員と従業員のマイナンバー（社会保障・税番号制度）のデータや、取引先の住所と氏名や電話番号のデータなど個人情報保護のために外部に漏れないように管理しなければならない情報も登録されます。

　しかし、パソコンやサーバーまたはネットで共有しているExcelのワークブックは誰でも自由に開いてワークシートの情報を見ることや変更することができるために、マイナンバーや個人情報を適切に管理することができません。

　このためマイナンバーや個人情報が保存されたワークブックは、ファイルを開くときに必要となる「読み取りパスワード」を設定して不正なアクセスから情報を守ることが必要になります。

　Excelのワークブックに「読み取りパスワード」を設定すると、そのファイルを開くときにはパスワードの入力が必要になります。

　VBAから「読み取りパスワード」を設定するには、SaveAsメソッドにPasswordのパラメータを付けてワークブックを同じファイル名で保存します。

　ワークブックを「new_book.xlsx」のファイル名で「読み取りパスワード」を設定して保存するコードです。

　パスワードには大文字で「PASS」を設定します。

```
ActiveWorkbook.SaveAs "new_book.xlsx" , Password:="PASS"
```

　このファイルを再度開くときには、Excelからパスワードの入力を求められます。
　パスワードは15文字以内で大文字と小文字が区別されます。
　ただし、設定した「読み取りパスワード」を忘れるとファイルを開くことができなくなりますので注意が必要です。

 **ワークブックに「読み取りパスワード」と「書き込みパスワード」を設定する**

　Excelでは、ワークブックのファイルを保存するときに「読み取りパスワード」と「書き込みパスワード」を設定することができます。

　[名前を付けて保存] ダイアログボックスから [ツール] の [全般オプション] をクリックします。

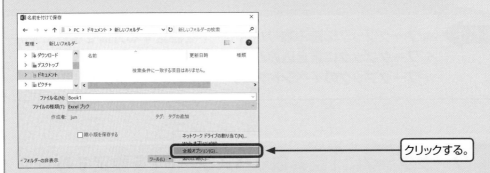

　[全般オプション] ダイアログボックスから [読み取りパスワード] と [書き込みパスワード] を入力することができます。

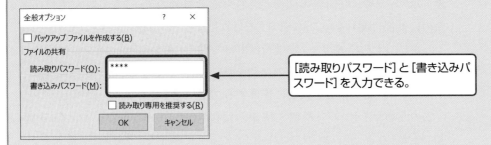

　[パスワードの確認] ダイアログボックスから再度同じパスワードを入力します。

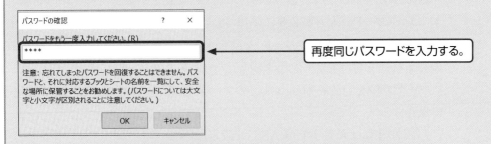

　これで、ファイルを開くときには「読み取りパスワード」の入力が必要になります。

2 ▶▶ ワークブックに「書き込みパスワード」を設定する

　Excelのワークブックに「書き込みパスワード」を設定すると、そのファイルの属性は「読み取り専用」になりワークシートのデータへの変更を保存することはできません。

　VBAで「書き込みパスワード」を設定するには、SaveAsメソッドにWriteResPassword のパラメータを付けてワークブックを同じファイル名で保存します。

　ワークブックをnew_book.xlsxのファイル名で「書き込みパスワード」を設定して保存するコードです。

　パスワードには大文字で「PASS」を設定します。

```
ActiveWorkbook.SaveAs "new_book.xlsx", WriteResPassword:="PASS"
```

　パスワードは、15文字以内で大文字と小文字が区別されます。

　このファイルを開くときには「書き込みパスワード」の入力が必要になります。

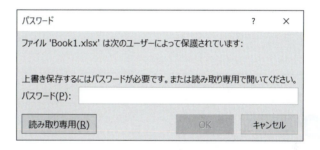

　[読み取り専用]ボタンをクリックすると、Excelのファイルは、読み取り専用ファイルとなりセルの変更をすることはできません。ただし[名前を付けて保存]から別のファイル名で同じ内容のデータを保存することができます。

　さらに「読み取り専用」のワークブックのデータは、他のワークブックに簡単にコピーできるので、マイナンバーや個人情報のデータを守ることはできません。

やってみよう！61 ワークブックに「読み取りパスワード」を設定する

　ワークブックのExcelファイルに、「読み取りパスワード」を設定するマクロを作成して、［パスワード入力］ボタンのクリックで実行します。

　入力した「読み取りパスワード」が空白のときは、メッセージを表示して入力できないようにします。

　ワークブックに「読み取りパスワード」を設定すると、次回にこのファイルを開くときにはパスワードの入力が必要になります。

 ファイル名 **try61**

 ヒント

● Inputbox関数で、ユーザーに「読み取りパスワード」の入力を求めます。
● SaveAsメソッドにPasswordのパラメータを付けてワークブックを保存します。

ワンポイント▶▶ 空白のときは入力不可のメッセージを表示する

入力された「読み取りパスワード」が空白のときは、メッセージを表示して入力できないようにします。

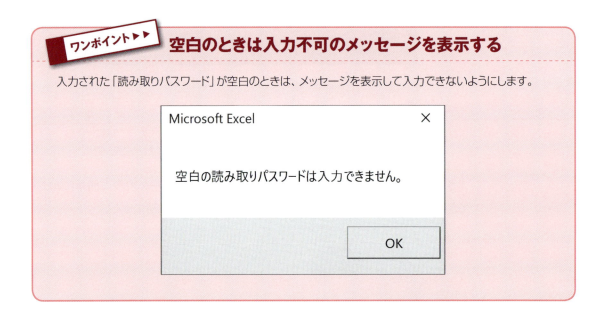

「読み取りパスワード」を入力するとExcelからファイルを置き換えて保存するかの確認メッセージが表示されます。ここでは「はい」でファイルを上書き保存します。

次にこのファイルを開くときには、設定した「読み取りパスワード」の入力が必要になります。
「読み取りパスワード」を忘れるとファイルを開くことができませんので、パスワードはメモしておきましょう。

≪ご注意≫
　解答61では、ワークブックのファイルはExcelのカレントフォルダに保存されます。
　このため解答61のファイルがカレントフォルダにないと、同名のファイルがカレントフォルダに保存されます。
　カレントフォルダとは別のフォルダにファイルを保存するには、VBAのコードでファイル名にカレントドライブからのパスを付けます。

　　ActiveWorkbook.SaveAs "C:¥Documents¥new_book.xlsx" , Password:="PASS"

　カレントフォルダについては、本書の221ページを参考にしてください。

ワンポイント ▶▶ Excelの警告メッセージ

　Excelからの警告メッセージを表示させないようにするには、Application.DisplayAlertsプロパティを使用します。
　Application.DisplayAlertsプロパティの既定値は True です。マクロの実行中にユーザーに入力のためのメッセージや警告メッセージを表示せず、VBAの処理を実行するにはこのプロパティを False に設定します。

```
Application.DisplayAlerts = False
操作する処理
Application.DisplayAlerts = True
```

3 ▶▶ ワークブックのイベントプロシージャ

ワークブックのイベントプロシージャは、ワークブックを開いたときや閉じるとき、または、ワークブックに特定の操作をしたときに実行されるプロシージャです。

Workbookのイベントプロシージャは、VBAProjectのThisWorkbookのコードウィンドウに記述されます。

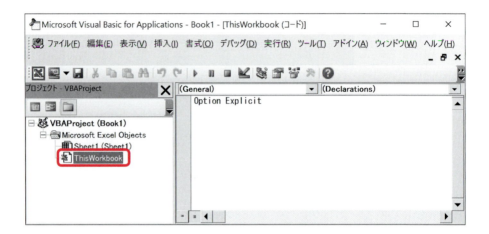

リストボックスからWorkbookを選択すると、自動的にワークブックをオープンしたとき実行するWorkbook_Openプロシージャが作成されます。

このWorkbook_Openプロシージャに、ワークブックを開いたときに実行するコードを記述します。

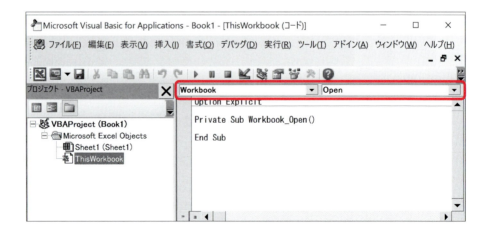

ワークブックを開くと、Sheet3をアクティブにするコードです。

```
Private Sub Workbook_Open()
    Worksheets("Sheet3").Activate
End Sub
```

PART 6 Lesson 2 ワークブックにパスワードを設定する

Excelの作業では、ワークブックを開いたときに決まった処理を実行することがあります。例えば、メニューを表示する、指定したワークシートに移動する、外部のファイルからデータを読込むなどの処理です。

さらにファイルを閉じるときにも、一時的な計算用ワークシートを削除したり、データを外部のファイルに保存する処理をすることがあります。

イベントプロシージャにファイルを開いたときや閉じるときに実行するコードを記述しておけば、自動的に処理を実行することができます。

やってみよう！62 ▶▶ ワークブックを開くとき最初に実行する（例題20とやってみよう55の応用）

請求書ワークブックのファイルがあります。このファイルを開くときに、請求書ワークシートのB11セルをアクティブセルにして、「請求書の入力を開始します。」のメッセージを表示します。さらに入力用のセル範囲の消去の実行をユーザーに確認するマクロをイベントプロシージャで作成します。

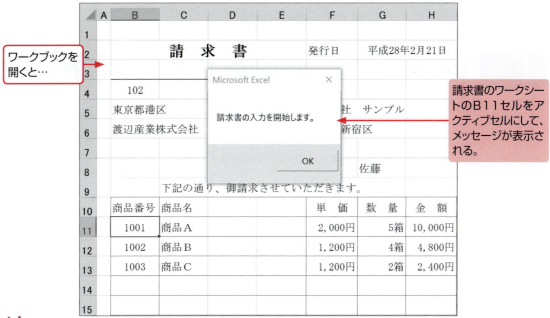

ワークブックを開くと…

請求書のワークシートのB11セルをアクティブセルにして、メッセージが表示される。

ファイル名 **try62**

- プロジェクトエクスプローラーで、VBAProjectからThisWorkbookを選択します。
- リストボックスから、Workbookを選択します。
- Workbook_Openのイベントプロシージャにコードを記述します。
- MsgBox関数とClearContentsメソッドを使用してデータの消去を確認します。

データのファイルへの保存と読み込み

学習のポイント
- ワークブックのデータを他の形式のファイルに保存する方法を学びます。
- 他の形式のファイルのデータをワークブックで開く方法を学びます。
- [名前を付けて保存] と [ファイルを開く] ダイアログボックスの利用方法を学びます。

　Excelの操作では、ワークブックのデータをWordやデータベースソフトのAccessで利用したり、重要なデータのバックアップのためにExcel以外の形式のファイルに保存することがあります。VBAでは、データの他の形式のファイルへの保存と読み込みの処理を自動化することができます。

　このLessonでは、データを保存する他の形式のファイルの種類として、テキストファイルとCSVファイルについて説明します。

1 ▶▶ ワークブックのデータを他の形式のファイルに保存する

　ワークブックのデータを他のファイル形式で保存するにはSaveAsメソッドからオプションのFileFormatを利用します。データを保存したテキストファイルまたはCSVファイルはWindowsのメモ帳で開くことができます。

　ワークブックのデータを、テキストファイル形式で「new.txt」というファイル名で保存するコードです。

```
ActiveWorkbook.SaveAs = "new.txt", FileFormat:=xlTextWindows
```

■FileFormatで使用できる定数（主なもの）

xlCSV	CSV(カンマ区切り)　*.csv
xlCSVMSDOS	MSDOS CSV　*.csv
xlCSVWindows	Windows CSV　*.csv
xlHtml	HTML 形式　*.htm, *.html
xlCurrentPlatformText	テキスト(タブ区切り)　*.txt
xlTextMSDOS	MSDOS テキスト　*.txt
xlTextPrinter	プリンター テキスト　*.prn
xlTextWindows	Windows テキスト　*.txt
xlUnicodeText	Unicode テキスト　*.txt

2 ▶▶ 他の形式のファイルのデータをワークシートで開く

他のファイル形式のデータをExcelのワークシートで開くにはOpenメソッドからオプションのFormatを利用します。

テキストファイル形式の「new.txt」というファイル名のデータを、ワークシートで開くコードです。

```
Workbooks.Open "new.txt" ,Format:=1
```

■Formatのファイル区切り文字（主なもの）

1	タブ
2	カンマ (,)
3	スペース
4	セミコロン (;)
5	なし

テキストファイルやCSVファイルをExcelで開くには、Openメソッドの他にもOpenTextメソッドを利用する方法と、FileSystemObjectオブジェクトを利用する方法があります。

Openメソッドは、Excelのワークブックとテキストファイルの両方を開くことができますが、OpenTextメソッドは、テキストファイルのみを開くことができます。

ワンポイント▶▶ テキストファイルとCSVファイル

テキストファイルは、文字を表す文字コードと改行やタブなどの制御コードで構成されているファイル形式で拡張子は*.txtになります。このテキストファイルは、メモ帳で開くことができます。

CSVファイルは、データをカンマ (,) で区切って並べたファイル形式で、拡張子は*.csvになります。CSVファイルは、データ交換用のファイル形式として表計算ソフトやデータベースソフトで使われています。このCSVファイルもテキストファイルなので、メモ帳で開くことができます。

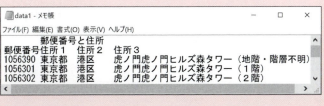

テキストファイルをメモ帳で開いた場合

CSVファイルをメモ帳で開いた場合

例題 26 ［ファイルを開く］［名前を付けて保存］ダイアログボックスを利用する

　郵便番号と住所のワークシートのデータを**CSV**ファイルに保存します。データ保存用の**CSV**ファイル名は**Excel**の［名前を付けて保存］ダイアログボックスからユーザーが自由に付けることのできるマクロを作成して、［名前を付けて保存］ボタンのクリックで実行します。

　保存した**CSV**ファイルは、いったん閉じます。次に［保存ファイルを開く］ボタンのクリックで、**Excel**の［ファイルを開く］ダイアログボックスから**CSV**ファイルを開きます。

完成例

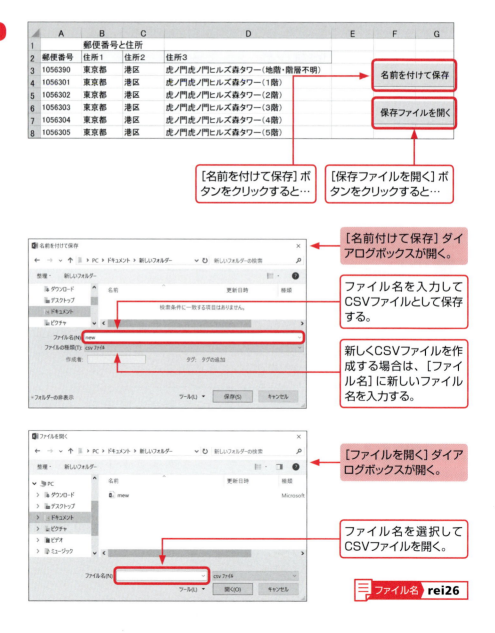

ファイル名 **rei26**

［名前を付けて保存］ダイアログボックスと［ファイルを開く］ダイアログボックスを利用するのは、データを保存するファイル名をユーザーが自由に付けることができるからです。ファイル名に、データの種類や作成年月日などを使用すると、ファイルの管理が楽になります。

3 ▶▶ GetSaveAsFilenameメソッドの利用

次のコードを入力します。

```
Sub macro1()
    Dim Fname As String

    ActiveWorkbook.Save                          ワークシートへの変更を保存する
    Fname = Application.GetSaveAsFilename(InitialFileName:="", _
        Filefilter:="csv ﾌｧｲﾙ (*.csv),*.csv")   ［名前付けて保存］ダイアログボック
                                                 スを開く
    If Fname = "False" Then                      ファイル名がない場合のFalseが返
                                                 される
        MsgBox "CSVファイル名を取得できませんでした。"
    Else                                         ワークシートをCSVファイル形式で
                                                 保存する
        ActiveWorkbook.SaveAs Filename:=Fname, FileFormat:=xlCSV
        Workbooks.Open "rei26.xlsm"              ファイルを再び開く
    End If
End Sub
```

Excelでは［名前を付けて保存］ダイアログボックスは、ファイルを保存するために使用されます。しかし、GetSaveAsFilenameメソッドで［名前を付けて保存］ダイアログボックスからファイル名を指定しても、実際にはそのファイルは保存されません。

この場合［名前を付けて保存］ダイアログボックスは、ユーザーがファイル名を選択して、そのファイル名を変数に代入するために利用されます。

変数に代入されたファイル名は、SaveメソッドやSaveAsメソッドで保存されたり、他の処理の対象となります。

 CSVファイルの保存場所

CSVファイルは、同じフォルダに作成してください。別のフォルダに作成すると、xlsmファイルを再び開くことができないのでVBAの実行時エラーになります。この実行時エラー処理に対応するコードは、このLessonでは説明していません。

4 ▶▶ GetOpenFilenameメソッドの利用

次のコードを入力します。

```
Sub macro2()
    Dim Fname As String
                                         [ファイルを開く]ダイアログボック
                                         スを開く
    Fname = Application.GetOpenFilename(Filefilter:="csv ﾌｧｲﾙ (*.csv),*.csv")
    If Fname = "False" Then              ファイル名がない場合のFalseが返
                                         される
        MsgBox "CSVファイル名を取得できませんでした。"
    Else
        Workbooks.Open Fname, Format:=2  指定したファイルをカンマ区切りで開
                                         く
    End If
End Sub
```

GetSaveAsFilenameメソッド

Applicationオブジェクト.GetSaveAsFilename(InitialFilename, FileFilter, FilterIndex, Title)

GetSaveAsFilenameメソッドは、ユーザーからファイル名を取得するために、[名前を付けて保存]ダイアログボックスを表示します。

■省略可能なパラメータの説明（主なもの）

InitialFilename	既定値として表示するファイル名を指定します。省略すると作業中のブックの名前が使われます。
FileFilter	ファイルの候補を指定する文字列（ファイルフィルター文字列）を指定します。
FilterIndex	FileFilterで指定したファイルフィルター文字列の中で、1から何番目の値を既定値とするかを指定します。
Title	ダイアログボックスのタイトルを指定します。省略すると「名前を付けて保存」になります。

＊FileFilterには、ファイルフィルター文字列とワイルドカードを指定します。ファイルフィルター文字列とワイルドカードはカンマ（,）で区切って指定します。

Excelでは[ファイルを開く]ダイアログボックスは、ファイルを開くために使用されます。しかし、GetOpenFilenameメソッドで[ファイルを開く]ダイアログボックスからファイル名を指定しても、実際にはそのファイルは開かれません。

この場合[ファイルを開く]ダイアログボックスは、ユーザーがファイル名を選択して、そのファイル名を変数に代入するために利用されます。

変数に代入されたファイル名は、Openメソッドで開かれたり、他の処理の対象となります。

GetOpenFilenameメソッド

**Applicationオブジェクト.
GetOpenFilename(FileFilter, FilterIndex, Title,
MultiSelect)**

GetOpenFilenameメソッドは、ユーザーからファイル名を取得するために、［ファイルを開く］ダイアログボックスを表示します。

■省略可能なパラメータの説明（主なもの）

FileFilter	ファイルの候補を指定する文字列（ファイルフィルター文字列）を指定します。
FilterIndex	FileFilterで指定したファイルフィルター文字列の中で、1から何番目の値を既定値とするかを指定します。
Title	ダイアログボックスのタイトルを指定します。省略すると「ファイルを開く」になります。
MultiSelect	Trueを指定すると複数のファイルを選択できます。Falseを指定すると、1つのファイルしか選択できません。省略するとFalseになります。

 **VBAのヘルプの利用方法**

　VBAのプログラムでは、オブジェクト、メソッド、プロパティ、ステートメントなど多くの専門的な用語が使用されます。
　その用語の意味と使用方法は、「Office VBA言語リファレンス」で検索することができます。

　VBAのヘルプは、VBEのメニューバーの［ヘルプ］から［Microsoft Visual Basic for Applications ヘルプ］をクリックします。

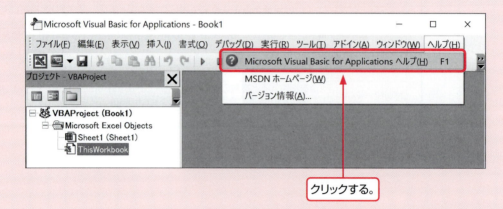

クリックする。

　マイクロソフト社のサイトからExcelの関連情報ページが開きます。この中で、VBAの言語仕様は、「Office VBA言語リファレンス」から確認をすることができます。

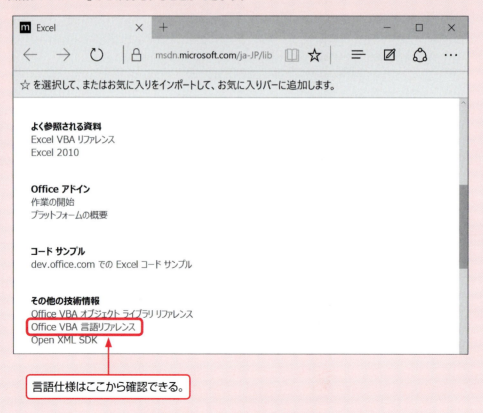

言語仕様はここから確認できる。

Office VBA言語リファレンスの[検索]リストボックスに、「Activate」を入力します。Activateの「検索結果」として一覧が表示されますので、Range.Activateメソッドを選択してみます。

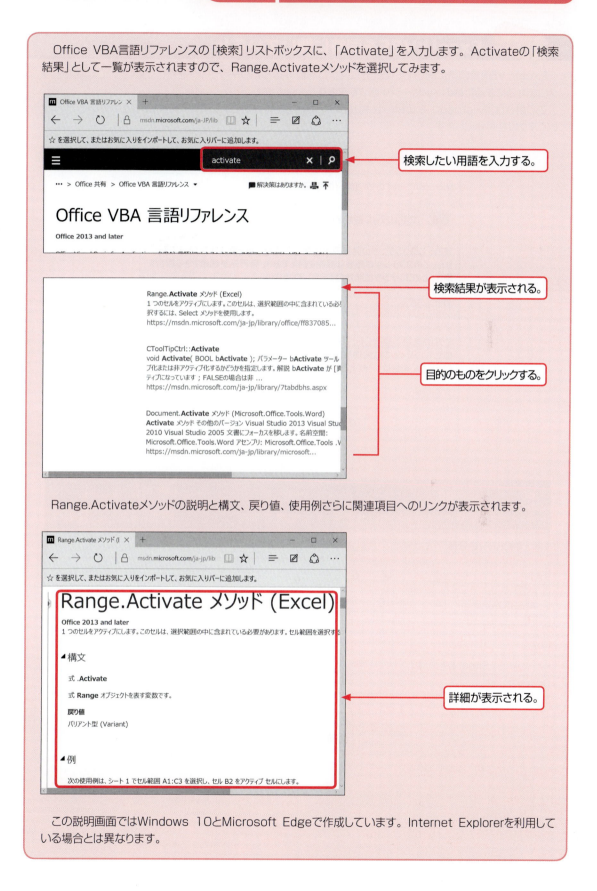

　Range.Activateメソッドの説明と構文、戻り値、使用例さらに関連項目へのリンクが表示されます。

　この説明画面ではWindows 10とMicrosoft Edgeで作成しています。Internet Explorerを利用している場合とは異なります。

ExcelとVBEを同時に開いていると

　ExcelとVBEを同時に開いているときにマクロを組み込んだワークブックを新しく開くと、Excelからマクロを有効にするためのメッセージが違ってきます。

　この場合は［Microsoft Excelのセキュリティに関する通知］から［マクロを有効にする］ボタンをクリックしてマクロを有効にします。

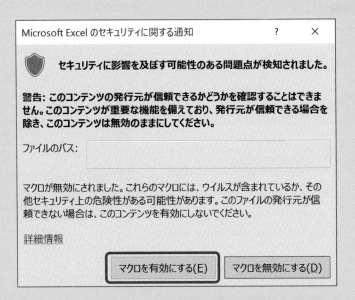

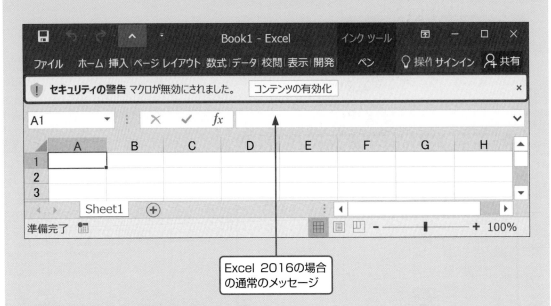

Excel 2016の場合の通常のメッセージ

PART 7

データベース処理

▶▶ Lesson 1 　Findでデータを検索する
▶▶ Lesson 2 　Sortでデータを並べ替える
▶▶ Lesson 3 　Filterでデータを抽出する
▶▶ Lesson 4 　Subtotalでデータを集計する

Lesson 1 Findでデータを検索する

学習のポイント
- **Find** メソッドで、セル範囲にあるデータの検索方法を学びます。
- データの完全一致条件の検索方法を学びます。
- データの部分一致条件の検索方法を学びます。

　Excelのワークシートの表（データベースのテーブル）に多くのデータが登録されると、特定の条件でデータを見つけるのは次第に困難になります。
　VBAのFindメソッドによるデータの検索処理では、ワークシートの表（データベースのテーブル）のデータから指定した条件のデータを検索することができます。

例題 27 郵便番号データを完全一致で検索する

　東京都千代田区の郵便番号と住所のデータから、ユーザーが入力した郵便番号の検索条件により住所を表示するマクロを作成して、［データの検索］ボタンのクリックで実行します。郵便番号の検索オプションは、完全一致で検索します。

完成例

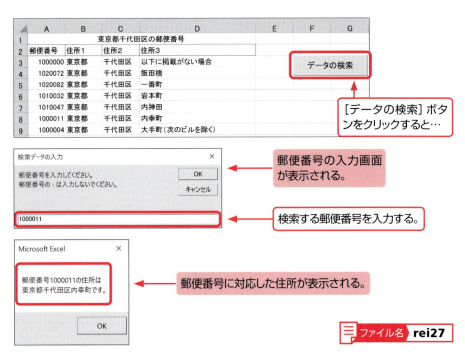

［データの検索］ボタンをクリックすると…

郵便番号の入力画面が表示される。

検索する郵便番号を入力する。

郵便番号に対応した住所が表示される。

ファイル名 **rei27**

PART 7　Lesson 1　Findでデータを検索する

1 ▶▶ コードの入力

次のコードで郵便番号と住所のデータを検索します。

```
Sub macro1()
    Dim KENCELL As Range        検索結果のセルを入れるオブジェクト型の変数
    Dim KENDATA As String       検索するデータを入れる変数
    Dim KENROW As Integer       検索結果の行数を入れる変数
    Dim KENADD As String        検索結果の住所を入れる変数

    KENDATA = InputBox("郵便番号を入力してください。" _
            & Chr(13) & "郵便番号の - は入力しないでください。", "検索データの入力")
    If KENDATA <> "" Then
        Set KENCELL = Sheets("郵便番号").Range("A3:A1000")._
                        Find(KENDATA, LookAt:=xlWhole)
        If KENCELL Is Nothing Then
            MsgBox ("この郵便番号のデータはありません。")
        Else
            KENROW = KENCELL.Row
            KENADD = Cells(KENROW, 2).Value & Cells(KENROW, 3).Value & _
                        Cells(KENROW, 4).Value
            MsgBox ("郵便番号" & KENDATA & "の住所は" & Chr(13) & KENADD & _
                        "です。")
        End If
    Else
        MsgBox ("検索する郵便番号のデータが入力されていません。")
    End If
End Sub
```

2 ▶▶ Findメソッドのコードの説明

Dim KENCELL As Range

検索結果のRangeオブジェクトを参照するためにオブジェクト型変数を宣言します。

Set KENCELL = Sheets("郵便番号").Range("A3:A1000").Find(KENDATA, LookAt:=xlWhole)

　Findメソッドで、郵便番号ワークシートのA3からA1000のセル範囲を、ユーザーが入力した変数KENDATAの値が存在するかどうか検索します。検索結果はオブジェクト型の変数KENCELLに代入します。
　検索オプションのLookAt:=xlWholeで完全一致検索の条件を指定しています。郵便番号のデータと変数KENDATAのすべての文字が一致しなければ検索に失敗します。

> If KENCELL Is Nothing Then

　Findメソッドで検索したデータが見つからない場合は、Nothingを返します。検索したデータが見つかった場合は、Rangeオブジェクトを返します。この例では、郵便番号1000011のデータがあるA8セルのRangeオブジェクトの情報が、変数KENCELLに代入されます。

> KENROW = KENCELL.Row

　検索結果のA8セルの行数を、変数KENROWに代入します。変数KENROWの行数の値から、住所のデータを変数KENADDに代入することができます。

　Range.Findメソッドの検索では、検索オプションによりLookAt:=xlPartは部分一致検索、LookAt:=xlWholeは完全一致検索になります。このオプションを変更することで、検索するデータにより部分一致検索と完全一致検索を指定することができます。

　商品名や氏名の検索では、名称の一部分からデータを検索することが必要な場合があります。この場合は、部分一致検索で検索することになります。

3 ▶▶ Findメソッドによるデータの検索

　VBAのFindメソッドによるデータの検索は、データベースのテーブル（ワークシート）から検索条件と比較演算子（「等しい」「含む」など）で条件を指定して、その条件を満たすレコード（行）を探し出します。

　さらに、Findメソッドのデータの検索方法には、完全一致検索と部分一致検索、ワイルドカードを使用した検索、複合条件での検索などいろいろな方法がありますので、ワークシートのデータを検索する目的によりデータ検索方法を選択することができます。

■Excelのデータベースのテーブル（ワークシート）の構成

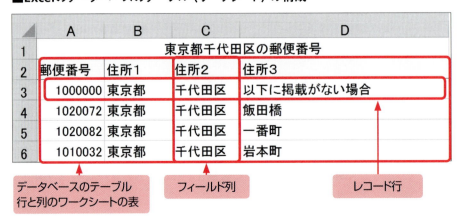

PART 7　Lesson 1　Findでデータを検索する

Excelのリボンの［ホーム］タブの「編集」グループには［検索と置換］ボタンがあります。

Findメソッドは、この［検索と置換］ボタンから［検索］をクリックしたときと同じ操作を、VBAのコードで実行します。

Findメソッド

Rangeオブジェクト.Find(What, After, LookIn, LookAt, SearchOrder, SearchDirection, MatchCase, MatchByte, SearchFormat)

Findメソッドは、セル範囲内のデータを検索します。
戻り値は検索範囲の先頭のセルを表すRangeオブジェクトです。一致するデータが見つからなかった場合には、Nothingを返します。

■パラメータの説明

What	必須	検索するデータです。文字列などセル内のデータの値を指定します。
After	省略可能	セル範囲内のセルのひとつを指定します。このセルの次のセルから検索が開始されます。省略すると左上端のセルが開始点になります。
LookIn	省略可能	情報の種類を指定します。 　xlFormulas　情報の種類で数式を指定します。 　xlValues　　情報の種類で値を指定します。 　xlComments　情報の種類でコメント文を指定します。
LookAt	省略可能	xlPart　データの一部が一致するセルを検索します。 xlWhole　データの全てが一致するセルを検索します。
SearchOrder	省略可能	検索の方向を指定します。 　xlByRows　行を横方向に検索して、次の行に移動します。 　xlByColumns　列を下方向に検索して、次の列に移動します。
SearchDirection	省略可能	xlNext　　範囲内で、一致する次の値を検索します。 xlPrevious　範囲内で、一致する前の値を検索します。
MatchCase	省略可能	True　大文字と小文字を区別します。 False　大文字と小文字を区別しません。（既定値）
MatchByte	省略可能	True　全角と半角文字を区別します。 False　全角と半角文字を区別しません。（既定値）
SearchFormat	省略可能	検索の書式を指定します。

VBAのFindメソッドの検索では、データの検索に成功すると、そのデータのセルのアドレスをオブジェクト型の変数に代入します。

このオブジェクト型の変数のセルのアドレスから、行番号をRowプロパティで取得して処理を実行することになります。

また、データの検索に失敗した場合は、オブジェクト型の変数には何も代入されません。この変数がNothingかどうかを判定して、検索に失敗したときの処理を実行します。

やってみよう！63 ▶▶ 商品台帳データの商品名を部分一致で検索する

商品台帳ワークシートには、商品コード、商品名、区分、単位、商品単価、仕入単価、在庫数量のデータがあります。商品名の検索から商品検索ワークシートに1件ごとにデータを表示するマクロを作成して、［商品名データ検索］ボタンのクリックで実行します。商品名の検索条件は、文字列の部分一致検索にします。

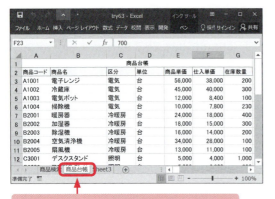
検索されるデータがある商品台帳ワークシート

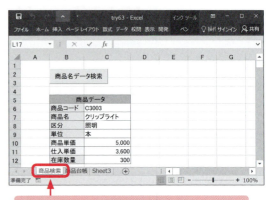
商品名データの検索結果の表示用ワークシート

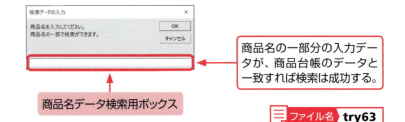
商品名データ検索用ボックス

商品名の一部分の入力データが、商品台帳のデータと一致すれば検索は成功する。

ファイル名 **try63**

- **Findメソッドのオプションから LookAt:=xlPart** で、部分一致検索をします。
- 商品台帳ワークシートの商品名の列を検索します。
- 検索に成功した場合は、商品検索ワークシートに検索したレコードのデータを代入します。
- 検索に失敗した場合は、メッセージを表示します。

 重複するレコード

　データの検索をするフィールド（列）には、郵便番号や「コード」「顧客名」のようにそのテーブルに同一のデータが存在しないフィールドと、売上テーブルの「年月日」「顧客名」のようにそのテーブルに同じデータが重複するフィールドがあります。
　この「やってみよう！63」で、Findメソッドは、検索結果として重複するレコード（行）がある場合でも、最初のレコードのみを表示します。この例では、検索するデータに「電球」と入力した場合は、商品台帳で最初に「電球」が付くデータを表示しますが、次の「電球」が付くデータは表示されません。

PART **7** Lesson 2 Sortでデータを並べ替える

Sortでデータを並べ替える

学習のポイント
- Sortオブジェクトによるセル範囲にあるデータの並べ替えを学びます。
- Sortメソッドによるセル範囲にあるデータの並べ替えを学びます。

データベースの基本機能に、指定した条件によるデータの「並べ替え」があります。

VBAでは、SortオブジェクトまたはSortメソッドによりワークシートの表のデータを並べ替えることができます。Sortオブジェクトは、新しい方式の「並べ替え」で、並べ替えのできるキーを最大64項目まで指定できます。

Sortメソッドは、古い方式の「並べ替え」のため並べ替えのできるキーは、3項目ですが、コードの記述が簡単でExcelでも利用することができます。

例題 28 商品台帳データを並べ替える

商品台帳のワークシートがあります。この台帳のデータを商品単価の高い順で並べ替えと、商品コード順での並べ替えで元に戻すマクロを作成して、[商品単価並べ替え]と[コードで並べ替え]ボタンのクリックで実行します。この例題では、Sortオブジェクトにより並べ替え処理を実行します。

完成例

[商品単価並べ替え]ボタンをクリックすると…

並べ替えの実行の確認メッセージが表示される。

ファイル名 **rei28**

商品単価の高い順で並べ替えられる。

1 ▶▶ コードの入力

次のコードで商品台帳データの並べ替えを実行します。

```
Sub macro1()
    Dim X As String

    X = MsgBox("商品台帳のデータを並べ替えしますか?", _
        vbYesNo + vbQuestion, "データの並べ替え")
    If X = vbYes Then
        With ActiveSheet.Sort                  Withステートメントで処理を開始する
            .SortFields.Clear                  並べ替えの設定をクリアする
            .SortFields.Add Key:=Range("E2"), SortOn:=xlSortOnValues, _
                Order:=xlDescending
            .SetRange Range("A2:G33")          並べ替えのセル範囲を指定する
            .Header = xlYes                    セル範囲の1行目を見出しとする
            .Apply                             並べ替えを実行する
        End With
    End If
End Sub
```

```
Sub macro2()
    Dim X As String

    X = MsgBox("商品台帳のデータを並べ替えしますか?", _
        vbYesNo + vbQuestion, "データの並べ替え")
    If X = vbYes Then
        With ActiveSheet.Sort
            .SortFields.Clear
            .SortFields.Add Key:=Range("A2"), SortOn:=xlSortOnValues, _
                Order:=xlAscending
            .SetRange Range("A2:G33")
            .Header = xlYes
            .Apply
        End With
    End If
End Sub
```

データの自動更新

Excelによるデータの並べ替えでは、元の表が自動的に並べ替えられて更新されます。
このため、並べ替えの実行後に元の表が必要になる場合は、元の表に連番やコードを設定して再び並び替えを実行すると元の状態に戻る仕組みが必要です。

2 ▶▶ Sortオブジェクトのコードの説明

SortFields.Add Key:=Range("E2"), SortOn:=xlSortOnValues, Order:=xlDescending

　AddでE2セルをキーに指定します。SortOnでセルの値を並べ替えの対象とします。Orderは、xlDescendingで降順の並べ替えを指定します。
　このSortFieldsプロパティを追加することで、並べ替えの条件を最大64まで設定できます。

3 ▶▶ Sortオブジェクトによるデータの並べ替え

　リボンの［データ］タブの［並べ替えとフィルター］グループには［並べ替え］ボタンがあります。
　Sortオブジェクトは、この［並べ替え］ボタンをクリックしたときと同じ操作を、VBAのコードで実行します。

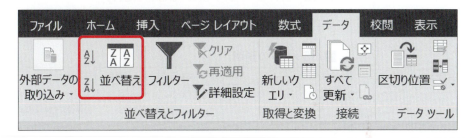

　ワークシートのデータは、データを登録した入力順、日付順、コード順、顧客順などの順序で並んでいます。
　このワークシートのデータのセル範囲を、ユーザーの選択した項目と順番により入れ替えるのが、Sortオブジェクトによる並べ替えです。
　Sortオブジェクトでは、Withステートメントで並べ替えの条件を設定します。

■Sortオブジェクトのメソッドとプロパティ（主なもの）

メソッド	Apply	指定されている並べ替えの条件でセル範囲の並べ替えを実行します。
	SetRange	並べ替えの開始位置と終了位置の範囲を設定します。
プロパティ	Header	最初の行にヘッダー情報が含まれるかどうかを指定します。 　xlGuess　見出しがあるかどうかをExcelが指定します。 　xlNo　　範囲全体が並べ替えの対象になります。(既定値) 　xlYes　　範囲全体が並べ替えられません。
	MatchCase	Trueで大文字と小文字を区別して検索します。 Falseで大文字と小文字を区別せずに検索します。
	Orientation	並べ替えの方向を指定します。 　xlSortColumns　列単位で並べ替えます。 　xlSortRows　　行単位で並べ替えます。(既定値)
	SortFields	SortFieldsコレクションを取得して、ワークシートの並べ替え状態を保存します。

SortFieldsオブジェクトは、データを並べ替える条件を指定し、SortFieldsプロパティで、並べ替えるキー、フィールドの種類、昇順と降順の並べ替え順序を設定します。

■SortFieldsプロパティ

SortFieldsプロパティは、SortFieldsコレクション（SortFieldオブジェクトのコレクション）を取得します。

メソッド	Add	新しい並べ替えフィールドを作成し、SortFieldsオブジェクトを返します。
	Clear	SortFieldsオブジェクトをすべてクリアします。

Addメソッドは、並べ替えるキー、フィールドの種類、昇順と降順の並べ替え順序をSortFieldsオブジェクトに設定します。

Addメソッド

SortFieldsオブジェクト.Add(Key, SortOn, Order, CustomOrder, DataOption)

Addメソッドは、新しい並べ替えフィールドを作成し、SortFields オブジェクトを返します。

■パラメータの説明

Key	必須	並べ替えのキー値を指定します。
SortOn	省略可能	並べ替えるフィールドを指定します。 xlSortOnValues　　　値の並べ替えを指定します。 xlSortOnCellColor　セルの色で並べ替えを指定します。 xlSortOnFontColor　フォントの色で並べ替えを指定します。
Order	省略可能	並べ替え順序を指定します。 xlAscending　　　昇順の並べ替えを指定します。 xlDescending　　降順の並べ替えを指定します。
CustomOrder	省略可能	ユーザー設定の並べ替え順序を使用するかどうかを指定します。
DataOption	省略可能	データオプションを指定します。

VBAによるデータの並べ替えでは、xlAscendingでの昇順（A～Z、最小値～最大値）の並び替えと、xlDescendingによる降順（Z～A、最大値～最小値）の並べ替えを指定することができます。

さらに、Sortオブジェクトは、SortOnのパラメータを指定すると、セルの色やフォントの色での並び替えをすることができます。

PART 7 Lesson 2 Sortでデータを並べ替える

やってみよう！64 ▶▶ 商品台帳データを並べ替える

　商品台帳のワークシートがあります。この在庫台帳のデータを在庫数量の少ない順での並べ替えと、商品コード順での並べ替えで元に戻すマクロを作成して、[在庫数量並べ替え]と[コードで並べ替え]のボタンのクリックで実行します。

※例題28を、Sortメソッドによる並べ替え処理で実行します。

	A	B	C	D	E	F	G	H	I	J
1			商品台帳							
2	商品コード	商品名	区分	単位	商品単価	仕入単価	在庫数量		在庫数量並べ替え	
3	A1001	電子レンジ	電気	台	56,000	38,000	200			
4	A1002	冷蔵庫	電気	台	45,000	40,000	300			
5	A1003	電気ポット	電気	台	12,000	8,400	100		コードで並べ替え	
6	A1004	掃除機	電気	台	10,000	7,800	230			
7	B2001	暖房器	冷暖房	台	24,000	18,000	400			
8	B2002	加湿器	冷暖房	台	18,000	15,000	300			

ファイル名 **try64**

- 並べ替えを実行するセル範囲を、**Select**メソッドで選択します。
- 選択されたセル範囲**Selection**を、**Sort**メソッドで並べ替えます。
- 並べ替えるキーは**Key1:=Range("G2")** で在庫数量を指定します。
- 先頭行の表題は、**Header:=xlYes** で並べ替えの対象としません。
- 在庫数量のセルをKey1として、**Order1:=xlAscending**で昇順での並べ替えをします。
- 商品コードのセルをKey1として、**Order1:=xlAscending**で昇順での並べ替えをします。

Sortメソッド

Range.Sort(Key1, Order1, Key2, Type, Order2, Key3, Order3, Header, OrderCustom, MatchCase, Orientation, SortMethod, DataOption1, DataOption2, DataOption3)

Sortメソッドは、ワークシートのセル範囲を並べ替えします。

■パラメータの説明

Key1	省略可能	1番目の並べ替えフィールドの範囲名（文字列）または Rangeオブジェクトを指定します。
Order1	省略可能	Key1で指定した値の並び替え順序を指定します。 　xlAscending　　　　Key1に昇順の並べ替えを指定します。 　xlDescending　　　Key1に降順の並べ替えを指定します。
Key2	省略可能	2番目の並べ替えフィールドの範囲名（文字列）またはRangeオブジェクトを指定します。
Type	省略可能	並べ替える要素を指定します。
Order2	省略可能	Key2で指定した値の並び替え順序を指定します。 　xlAscending　　　　Key2に昇順の並べ替えを指定します。 　xlDescending　　　Key2に降順の並べ替えを指定します。
Key3	省略可能	3番目の並べ替えフィールドの範囲名（文字列）またはRangeオブジェクトを指定します。

Order3	省略可能	Key3で指定した値の並び替え順序を指定します。 　xlAscending　　　　Key3に昇順の並べ替えを指定します。 　xlDescending　　　　Key3に降順の並べ替えを指定します。
Header	省略可能	最初の行にヘッダー情報が含まれているかどうかを指定します。 　xlGuess　　　　先頭行のタイトル行を自動判定します。 　xlNo　　　　　先頭行をタイトル行と見なしません。（既定値） 　xlYes　　　　　先頭行をタイトル行と見なします。
OrderCustom	省略可能	ユーザー設定の並べ替え順のリスト内の番号を示す、1から始まる整数を指定します。
MatchCase	省略可能	True　　　　　　大文字と小文字を区別して並べ替えを行います。 False　　　　　大文字と小文字を区別しないで並べ替えを行います。
Orientation	省略可能	並べ替えを昇順で行うか降順で行うかを指定します。
SortMethod	省略可能	並べ替えの方法を指定します。
DataOption1	省略可能	Key1で指定した範囲でテキストを並べ替える方法を指定します。
DataOption2	省略可能	Key2で指定した範囲でテキストを並べ替える方法を指定します。
DataOption3	省略可能	Key3で指定した範囲でテキストを並べ替える方法を指定します。

SortオブジェクトよりもVBAのコードが簡単

　Sortメソッドは、並べ替えの書式が簡単です。VBAの並べ替えのコードは、1行で記述できます。
　そのため、並べ替えるキーが3個までなら、SortオブジェクトよりもVBAのコードを簡潔に記述できます。
　下記のコードは、最初に並べ替えのセル範囲を選択してから、A1セルをキーに指定し昇順で並べ替えを実行します。またセル範囲の1行目は見出しになります。

```
ActiveSheet.Range("A1:C30").Select
Selection.Sort Key1:=Range("A1"), Order1:=xlAscending, Header:=xlYes
```

ワークシートの画面の更新と自動計算について

　Excelのマクロの実行中は、データの並べ替えなどの作業は、ワークシートの画面の更新と数式の自動計算をしながら処理が進みます。このためワークシートでの作業をすべて表示と再計算をしていると処理に時間がかかります。
　この場合は、ScreenUpdatingプロパティをFalseにして一時的に画面の更新を中止して処理速度を早くすることができます。ただし、マクロの処理が終了した時点ではTrueに戻す必要があります。

★ワークシートの画面の更新を中止する
　Application.ScreenUpdating = False

★画面の更新を元に戻す
　Application.ScreenUpdating = True

　また、CalculationプロパティをFalseにして、一時的に数式の自動計算を中止して処理速度をはやくすることができます。
　ただし、マクロの処理が終了した時点では、Trueに戻す必要があります。

★ワークシートの自動計算を中止する
　Application.Calculation = xlCalculationManual

★自動計算を元に戻す
　Application.Calculation = xlCalculationAutomatic

PART 7 Lesson 2 Sortでデータを並べ替える

やってみよう！65 ▶▶ 売上明細データを複数の条件で並べ替える

　売上明細ワークシートのデータは、伝票番号順になっています。この売上明細のデータを顧客コードと年月日順の並べ替えと、伝票番号順での並べ替えで元に戻すマクロを作成して、[顧客年月並べ替え]と[伝票番号並べ替え]ボタンのクリックで実行します。

	A	B	C	D	E	F	G	H	I	J
1										
2		顧客年月並べ替え		伝票番号並べ替え						
3										
4										
5						売上明細				
6	伝票番号	顧客コード	顧客名	年月日	商品コード	商品名	単価	数量	金額	担当者
7	1001	101	伊藤商事	2016/4/1	A1001	電子レンジ	56,000	2	112,000	伊藤
8	1002	102	渡辺産業	2016/4/1	E5003	ボタン電池	2,000	12	24,000	鈴木
9	1003	104	サンリツ	2016/4/1	E5006	リチウム電池	4,000	6	24,000	山本
10	1004	101	伊藤商事	2016/4/1	B2004	空気清浄機	34,000	3	102,000	鈴木
11	1005	103	山本設計	2016/4/2	A1002	冷蔵庫	45,000	2	90,000	内田
12	1006	102	渡辺産業	2016/4/2	E5007	携帯電話充電器	14,000	5	70,000	伊藤

[顧客年月並べ替え]ボタンをクリックすると、顧客コードと年月日順で並べ替えられる。

ファイル名 ▶ **try65**

ヒント

- 顧客コードは、Add Key:=Range("B6")でOrder:=xlAscendingで昇順になります。
- 年月日は、Add Key:=Range("D6")でOrder:=xlAscendingで昇順になります。
- 並べ替えるセル範囲はSetRange Range("A6:J26")となります。
- 伝票番号は、Add Key:=Range("A6")でOrder:=xlAscendingで昇順になります。
- 先頭行の表題は、Header:=xlYes で並べ替えの対象としません。

ワンポイント ▶▶ 複数の条件で並べ替え

　Sortオブジェクトでは、複数のデータの並び替えの条件を指定することができます。
　複数のフィールドを条件とした場合のレコードの並べ替えで、最初の条件はSortFieldsプロパティAddメソッドで指定したキーの値を使用して行われます。並べ替えでは、最初のキーと同じ値を持つレコードが、次の条件のSortFieldsプロパティAddメソッドで指定したキーの値によって並べ替えられます。

Lesson 3 Filterでデータを抽出する

学習のポイント
- **AutoFilter**メソッドで、オートフィルターによるデータの抽出を学びます。
- **Selection.AutoFilter**で、オートフィルターの解除の方法を学びます。
- **AdvancedFilter**メソッドで、検索条件によるデータの抽出を学びます。

データベースの基本機能に、指定した条件によるデータの「抽出」があります。

VBAにはAutoFilterメソッドと、AdvancedFilterメソッドによる「抽出」の方法があり、どちらもテーブル（ワークシートの表）から指定した条件でデータを抽出することができます。

AutoFilterメソッドは、抽出元のワークシートに抽出結果を表示しますが、AdvancedFilterメソッドでは、抽出結果を別のワークシートに書き出すことができます。

例題 29 顧客名簿データを抽出する（Autofilter）

顧客名簿から、住所1のデータを利用して「東京都」に住んでいる顧客を抽出するマクロを作成して［データ抽出］ボタンのクリックで実行します。また、［抽出の解除］ボタンのクリックで、抽出を解除して元の表に戻します。

完成例

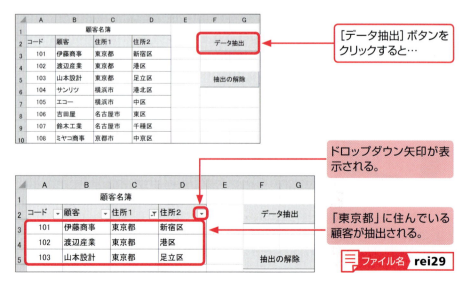

［データ抽出］ボタンをクリックすると…

ドロップダウン矢印が表示される。

「東京都」に住んでいる顧客が抽出される。

ファイル名 **rei29**

PART 7　Lesson 3 Filterでデータを抽出する

1 ▶▶ コードの入力

次のコードでデータを抽出します。

```
Sub Macro1()
    Dim FDATA As String          オートフィルター用の文字型の変数を使用する
    Dim X As Integer

    FDATA = "東京都"              変数に「東京都」を代入します
    X = MsgBox("データの抽出を実行します。", vbOKCancel + vbQuestion, "データ
            の抽出")
    If X = vbOK Then
        Range("A2:D12").AutoFilter field:=3, Criteria1:=FDATA
                                 オートフィルターを実行します
    End If
End Sub
```

```
Sub Macro2()
    If ActiveSheet.AutoFilterMode = True Then   オートフィルターモードを判定す
                                                 る
        Selection.AutoFilter                    オートフィルターを解除する
    End If
End Sub
```

2 ▶▶ AutoFilterメソッドのコードの説明

Range("A2:D12").AutoFilter field:=3, Criteria1:=FDATA

　抽出をする列を左から番号で指定します。Filter field:=3で3番目の「住所1」で抽出します。
　抽出条件を指定します。Criteria1:=FDATAで変数の「東京都」のデータを抽出します。

ActiveSheet.AutoFilterMode = True

　Worksheet.AutoFilterModeプロパティがTrueの場合には、シートにオートフィルター（下向き矢印）が表示されています。
　抽出するデータの条件の選択は、文字列で指定します。抽出条件を個別に指定するときはInputBox関数を使用します。変数に抽出する条件を、ユーザーが入力すると、他の都市のデータが抽出できます。

FDATA = InputBox("抽出する条件を入力してください。 " , "データの抽出")

ただし、抽出の条件のデータを正しく入力しないと、ワークシートに抽出するデータがないためすべてセルが非表示になります。

3 ▶▶ AutoFilterメソッドによるデータの抽出

AutoFilterメソッドは、Excelのリボンの［データ］タブの［並べ替えとフィルター］グループから［フィルター］ボタンと同じ操作を実行します。

Excelの［フィルター］ボタンを使用すると、複雑な抽出条件によりデータを抽出するのは大変ですし、操作の途中で抽出条件の設定誤りが発生する可能性もあります。

そこで、Excelの［フィルター］ボタンの抽出手順を、AutoFilterメソッドによりVBAのコードとして保存しておくと、複雑な条件によるデータの抽出を何度でも正確に実行することができます。

AutoFilterメソッド

Range.AutoFilter(Field, Criteria1, Operator, Criteria2, VisibleDropDown)

AutoFilterメソッドは、オートフィルターを使ってデータを抽出します。

■パラメータの説明

Field	省略可能	フィルターの対象となるフィールド番号を整数で指定します。フィールド番号は、リストの左側から開始します。
Criteria1	省略可能	1番目の抽出条件となる文字列を指定します。この引数を省略すると、抽出条件はAllになります。
Operator	省略可能	フィルターの種類を指定します。 　xlAnd　抽出条件1と抽出条件2の論理演算子ANDです。 　xlOr　抽出条件1または抽出条件2の論理演算子ORです。 ※他の抽出条件はVBAのヘルプで確認してください。
Criteria2	省略可能	2番目の抽出条件となる文字列を指定します。複合抽出条件を指定できます。
VisibleDropDown	省略可能	True　ドロップダウン矢印を表示します。(既定値) False　ドロップダウン矢印を非表示にします。

すべての引数を省略すると、AutoFilterメソッドは指定したセル範囲でオートフィルターのドロップダウン矢印を表示します。

PART 7　Lesson 3 Filterでデータを抽出する

やってみよう！66 ▶▶ 顧客名簿データを抽出する（AdvancedFilter）

　例題29で、AdvancedFilterメソッドによりデータの抽出処理を実行します。顧客名簿から、住所1のデータを利用して、抽出する条件はユーザーが入力します。顧客を抽出するマクロは、[データ抽出]ボタンのクリックで実行します。また、[抽出の解除]ボタンのクリックで、抽出したデータを削除します。

　AdvancedFilterメソッドでは、抽出条件のセル範囲と抽出データをコピーするセル範囲が必要になります。この問題では「抽出条件」ワークシートで、抽出条件と抽出データのセル範囲を管理します。

顧客名簿データのワークシート

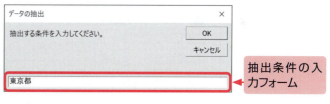
抽出条件の入力フォーム

抽出処理の実行後の抽出条件ワークシート

ファイル名 **try66**

● ユーザーが入力した抽出条件のデータを、抽出条件のC3セルに代入します。
● **AdvancedFilterのAction:=xlFilterCopy**で抽出した結果を他のセル範囲にコピーします。
● **CriteriaRange**で、抽出条件を記述した**Sheets("抽出条件").Range("A2:D3")**を指定します。
● **CopyToRange**で、抽出結果をコピーする**Sheets("抽出条件").Range("A6:D6")**を指定します。
● **Unique:=False**で、重複するレコードも含めて抽出します。

Excelのリボンの［データ］タブの［並べ替えとフィルター］グループには［詳細設定］ボタンがあります。

AdvancedFilterメソッドは、この［詳細設定］ボタンをクリックしたときと同じ操作を、VBAのコードで実行します。

Excelの「詳細設定フィルター」では、検索条件の範囲のセルを自動的に設定しますが、AdvancedFilterメソッドでは、この検索条件の範囲のセルを、ユーザーが指定しておくことが必要になります。

AdvancedFilterメソッド

Range.AdvancedFilter(Action, CriteriaRange, CopyToRange, Unique)

AdvancedFilterメソッドは、検索条件の範囲に基づいてワークシートにフィルターをかけます。抽出結果は、セルの選択範囲内に表示するか、他のセル範囲にデータをコピーするかを選択できます。

■パラメータの説明

Action	必須	xlFilterCopy	検索結果を他の新しい範囲にコピーして抽出します。
		xlFilterInPlace	検索条件と一致する行だけを同じ選択範囲内に表示します。
CriteriaRange	省略可能		検索条件範囲を指定します。省略すると、検索条件なしで抽出します。
CopyToRange	省略可能		ActionをxlFilterCopyに設定したときは、抽出された行のコピー先のセル範囲を指定します。
Unique	省略可能	True	検索条件に一致するレコードのうち、重複するレコードは無視されます。
		False	検索条件に一致するレコードは、重複するレコードも含めてすべて抽出します。(既定値)

下記のコードは、次の条件でデータの抽出を行います。
・ワークシートSheet1のA2～B12セル範囲に、Sheet2のA2～B3セル範囲の条件でフィルターをかける。
・抽出結果は、Sheet2のA6～B6セル範囲にコピーする。
・検索条件に一致するレコードは、重複するレコードも含めてすべて抽出する。

```
Sheets("Sheet1").Range("A2:B12").AdvancedFilter Action:=xlFilterCopy,
CriteriaRange:= Sheets("Sheet2").Range("A2:B3"),
CopyToRange:= Sheets("Sheet2").Range("A6:B6"), Unique:=False
```

別のシートに抽出する

AdvancedFilterメソッドは、指定した条件に一致するデータを別のシートに抽出することができます。この場合は、抽出先のワークシートに指定した条件のデータがコピーされるので、元データのワークシートのデータは変更されません。また、抽出条件のデータが、正しくない場合や抽出するデータが見つからない場合は、抽出先のワークシートには何も表示されませんので、元データのワークシートにも影響を及ぼしません。

PART 7 Lesson 3 Filterでデータを抽出する

やってみよう! 67 ▶▶ 売上明細データを複数の条件で抽出する

　売上明細ワークシートのデータは、伝票番号順になっています。この売上明細の年月日から指定した期間をユーザーが条件を入力して抽出します。この抽出結果を、「抽出結果」ワークシートのA1セルにコピーするマクロを作成して、[データ抽出]ボタンのクリックで実行します。また[抽出の解除]ボタンのクリックで、抽出を解除して元の表に戻します。
※この問題は、AutoFilterメソッドでコードを作成します。

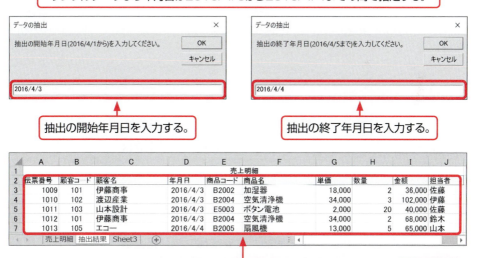

ファイル名 **try67**

- **InputBox**関数で、抽出条件の開始年月日と終了年月日を入力して変数に代入します。
- **AutoFilter**メソッドは**field:=4**で、左から4番目の年月日の列を指定します。
- 開始年月日は**Criteria1:=">="** & 開始年月日の変数で、以上を指定します。
- 抽出条件は**Operator:=xlAnd**で、開始年月日と終了年月日の期間を指定します。
- 終了年月日は**Criteria2:="<="** & 終了年月日の変数で、以下を指定します。
- データのコピーは、**SpecialCells(xlCellTypeVisible)**で、可視セル範囲を指定します。

 **AdvancedFilterメソッドでの複数の条件の指定方法**

★OR条件式の場合

「やってみよう! 66」から「住所1」のセルが「名古屋市」または「京都市」のデータを抽出します。

この場合は、CriteriaRange:=Sheets("抽出条件").Range("A2:D4")として、抽出条件のセル範囲を2行にします。

	A	B	C	D
1	抽出条件			
2	コード	顧客	住所1	住所2
3			名古屋市	
4			京都市	
5	抽出データ			
6	コード	顧客	住所1	住所2
7	106	吉田屋	名古屋市	東区
8	107	鈴木工業	名古屋市	千種区
9	108	ミヤコ商事	京都市	中京区

上下に抽出条件を記述すると、「住所1=名古屋市」または「住所1=京都市」のデータが抽出されます。

★AND条件式の場合

「やってみよう! 66」から「住所1」のセルが「東京都」かつ「住所2」のセルが「足立区」のデータを抽出します。

この場合は、CriteriaRange:=Sheets("抽出条件").Range("A2:D3")として、抽出条件のセル範囲はそのまま1行です。

A	B	C	D
抽出条件			
コード	顧客	住所1	住所2
		東京都	足立区
抽出データ			
コード	顧客	住所1	住所2
103	山本設計	東京都	足立区

左右に抽出条件を記述すると、「住所1=東京都」かつ「住所2=足立区」のデータが抽出されます。

PART 7　Lesson 3　Filterでデータを抽出する

やってみよう！ 68 ▶▶ 在庫表から重複するデータを除いて抽出する

　在庫表で一部の商品が重複していることがわかりました。そこで在庫表から重複した商品を除いて抽出するマクロを作成して、[データ抽出]ボタンのクリックで実行します。抽出結果の重複するデータの除いたワークシートは、元の在庫表ワークシートとは別に作成します。また、[抽出の解除]ボタンのクリックで、抽出したデータを削除します。

	A	B	C
1		在庫表	
2	商品コード	商品名	残高
3	A1001	電子レンジ	230
4	A1002	冷蔵庫	380
5	A1003	電気ポット	1,230
6	A1002	冷蔵庫	380
7	A1004	掃除機	450
8	B2001	暖房器	200
9	A1003	電気ポット	1,230
10	B2003	除湿機	800
11	B2001	暖房器	200
12	B2004	空気清浄機	1,000
13	B2003	除湿機	800
14	B2005	扇風機	2,300

データが重複した在庫表のワークシート

	A	B	C	D	E	F
1		抽出条件				
2	商品コード	商品名	残高		データ抽出	
3						
4						
5		抽出データ			抽出の解除	
6	商品コード	商品名	残高			
7	A1001	電子レンジ	230			
8	A1002	冷蔵庫	380			
9	A1003	電気ポット	1,230			
10	A1004	掃除機	450			
11	B2001	暖房器	200			
12	B2003	除湿機	800			
13	B2004	空気清浄機	1,000			
14	B2005	扇風機	2,300			

重複したデータを除いて抽出したワークシート

ファイル名　try68

ヒント

- AdvancedFilterメソッドのAction:=xlFilterCopyで、抽出結果を「抽出条件」ワークシートにコピーします。
- 「抽出条件」でA3〜C3セル範囲を空欄にして、すべてのデータを抽出します。
- Unique:=Trueで、すべてのレコードのうち重複するレコードは無視します。

参考　重複するレコードを除く

　AdvancedFilterメソッドで、Unique:=Trueのオプションでデータを抽出すると、セル範囲から重複するレコードを除いて新しい表を作成することができます。
　VBAではAdvancedFilterメソッドの他にもFor〜Nextステートメントで重複データをすべてチェックする方法がありますが、データ数が多いと時間がかかります。

Lesson 4 Subtotalでデータを集計する

学習のポイント
- **Subtotal**メソッドで、セル範囲のデータを集計する方法を学びます。
- **Function**パラメータで、合計、平均、件数などを集計する方法を学びます。
- **RemoveSubtotal**メソッドで、セル範囲の集計を解除する方法を学びます。

ワークシートのデータの集計は、表計算ソフトの最も基本的な機能です。Excelでは、[データ]リボンの[アウトライン]グループの[小計]ボタンからワークシートに小計と合計を挿入することができます。

VBAでこの機能を自動化するのが、Subtotalメソッドです。Subtotalメソッドを利用すると、売上明細から顧客や商品および担当者などの区分で自動集計を実行してデータの分析することができます。

例題 30 売上明細データを集計する

売上明細ワークシートのデータは、伝票番号順になっています。この売上明細を顧客コード順に並べ替えてから顧客ごとに金額の小計と合計を表示するマクロと、商品コード順に並べ替えてから商品ごとに数量と金額の小計と合計を表示するマクロを作成して、それぞれ[顧客データ集計]と[商品データ集計]ボタンのクリックで実行します。また、[集計の解除]ボタンのクリックで、集計を解除して元の表に戻します。

[顧客データ集計]と[商品データ集計]ボタンでは、どちらかの条件で、すでに集計中のワークシートに再度集計を実行するとVBAエラーが発生します。ワークシートのデータを集計中の場合は、[集計の解除]ボタンで、売上明細を元の伝票番号順に戻してから実行してください。

完成例

	A	B	C	D	E	F	G	H	I	J
1										
2		顧客データ集計		商品データ集計		集計の解除				
3										
4										
5					売上明細					
6	伝票番号	顧客コード	顧客名	年月日	商品コード	商品名	単価	数量	金額	担当者
7	1001	101	伊藤商事	2016/4/1	A1001	電子レンジ	56,000	2	112,000	伊藤
8	1002	102	渡辺産業	2016/4/1	E5003	ボタン電池	2,000	12	24,000	鈴木
9	1003	104	サンリツ	2016/4/1	E5006	リチウム電池	4,000	6	24,000	山本
10	1004	101	伊藤商事	2016/4/1	B2004	空気清浄機	34,000	3	102,000	鈴木
11	1005	103	山本設計	2016/4/2	A1002	冷蔵庫	45,000	2	90,000	内田
12	1006	102	渡辺産業	2016/4/2	E5007	携帯電話充電器	14,000	5	70,000	伊藤

[顧客データ集計]ボタンをクリックすると…

PART 7 Lesson 4 Subtotalでデータを集計する

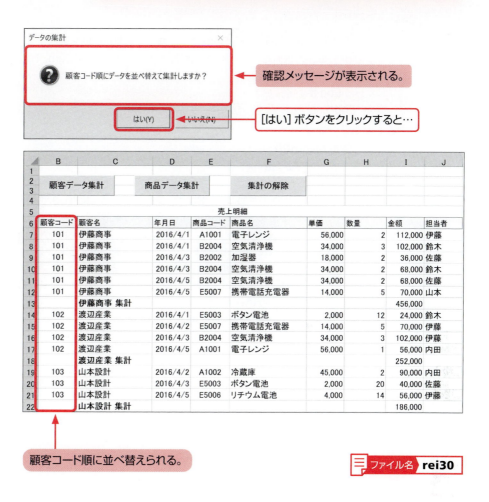

ファイル名 rei30

1 ▶▶ コードの入力

次のコードでデータの集計を実行します。

```
Sub macro1()
    Dim X As String

    X = MsgBox("顧客コード順にデータを並べ替えて集計しますか?", _
        vbYesNo + vbQuestion, "データの集計")
    If X = vbYes Then
        With ActiveSheet.Sort        データの並べ替えを実行する
            .SortFields.Clear
            .SortFields.Add Key:=Range("B6"), SortOn:=xlSortOnValues, _
             Order:=xlAscending
            .SetRange Range("A6:J26")
            .Header = xlYes
            .Apply
        End With
```

```
        Range("A6:J26").Select        集計するセル範囲を選択する
        Selection.Subtotal GroupBy:=3, Function:=xlSum, TotalList:=Array(9), _
            Replace:=True
    End If
End Sub


Sub Macro2()
    Dim X As String

    X = MsgBox("商品コード順にデータを並べ替えて集計しますか?", _
        vbYesNo + vbQuestion, "データの集計")
    If X = vbYes Then
        With ActiveSheet.Sort        データの並べ替えを実行する
            .SortFields.Clear
            .SortFields.Add Key:=Range("E6"), SortOn:=xlSortOnValues, _
            Order:=xlAscending
            .SetRange Range("A6:J26")
            .Header = xlYes
            .Apply
        End With
        Range("A6:J26").Select        集計するセル範囲を選択する
        Selection.Subtotal GroupBy:=6, Function:=xlSum, _
            TotalList:=Array(8,9), Replace:=True
    End If
End Sub


Sub Macro3()
    Dim X As String

    X = MsgBox("集計を解除して伝票番号順にデータを並べ替えしますか?", _
        vbYesNo + vbQuestion, "データの集計")
    If X = vbYes Then
        Range("A6").CurrentRegion.RemoveSubtotal        集計を解除する
        With ActiveSheet.Sort                    データの並べ替えを実行する
            .SortFields.Clear
            .SortFields.Add Key:=Range("A6"), SortOn:=xlSortOnValues, _
            Order:=xlAscending
            .SetRange Range("A6:J26")
            .Header = xlYes
            .Apply
        End With
    End If
End Sub
```

2 ▶▶ Subtotalメソッドのコードの説明

```
Selection.Subtotal GroupBy:=3, Function:=xlSum, TotalList:=Array(9), Replace:=True
```

集計するグループは、GroupBy:=3,で、左から3番目の「顧客名」です。

集計関数は、Function:=xlSumで、「合計」になります。

集計する項目は、TotalList:=Array(9)で、左から9番目の「金額」です。

集計行を挿入するのは、Replace:=Trueで、売上明細表を置き換えます。

```
Selection.Subtotal GroupBy:=6, Function:=xlSum, TotalList:=Array(8,9), Replace:=True
```

集計するグループは、GroupBy:=6,で、左から6番目の「商品名」です。

集計関数は、Function:=xlSumで、「合計」になります。

集計する項目は、TotalList:=Array(8,9)で、左から8、9番目の「数量」と「金額」です。

集計行を挿入するのは、Replace:=Trueで、売上明細表を置き換えます。

```
Range("A6").CurrentRegion.RemoveSubtotal
```

RemoveSubtotalメソッドで、集計の状態を解除します。

集計作業では、集計結果のデータを他のワークシートにコピーすることがあります。Subtotalメソッドの実行後に、

ActiveSheet.Outline.ShowLevels RowLevels:=2

のコードで集計結果のみを表示することができます。

■集計結果のみを表示したワークシート

				売上明細						
5										
6	伝票番号	顧客コード	顧客名	年月日	商品コード	商品名	単価	数量	金額	担当者
13			伊藤商事 集計						456,000	
18			渡辺産業 集計						252,000	
22			山本設計 集計						186,000	
26			サンリツ 集計						168,000	
31			エコー 集計						157,000	
32			総計						1,219,000	

このワークシートから可視セルのみを他のワークシートにコピーすると、集計結果の表を作成することができます。

Rangeオブジェクト.SpecialCells(xlCellTypeVisible)で可視セルのみを選択することができます。

データを分類して数値を集計するのは、Subtotalメソッドだけではありません。ワークシートのSumIf関数を利用するなどの方法がありますので、最も簡単で効率的な方法を選択してください。

3 ▶▶ Subtotalメソッドによるデータの集計

　Excelのリボンの［データ］タブの［アウトライン］グループには［小計］ボタンがあります。

　Subtotalメソッドは、この［小計］ボタンをクリックしたときと同じ操作を、VBAのコードで実行します。

　Subtotalメソッドで集計をするには、集計の対象となるワークシートのデータが小計するフィールドの順番で並べ替えてある必要があります。

　データの並べ替えには、SortオブジェクトとSortメソッドがありますが、Sortオブジェクトでの並べ替えをしています。

Subtotalメソッド

Rangeオブジェクト.Subtotal(GroupBy, Function, TotalList, Replace, PageBreaks, SummaryBelowData)

Subtotalメソッドは、セル範囲の集計を作成します。指定されたセル範囲が単一セルのときは、アクティブ セル領域を集計します。

■パラメータの説明

GroupBy	必須	グループ化の基準となるフィールドの番号を、1から始まる整数で指定します。
Function	必須	集計関数を指定します。（主なもの） 　xlAverage　　平均 　xlCount　　　カウント 　xlCountNums　カウント数値のみ 　xlMax　　　　最大 　xlMin　　　　最小 　xlSum　　　　合計
TotalList	必須	集計を追加するフィールド表す、1から始まるオフセット番号の配列で指定します。
Replace	省略可能	既存の集計表と置き換えるには、Trueを指定します。既定値はTrueです。
PageBreaks	省略可能	グループごとに改ページが挿入されるようにするには、Trueを指定します。既定値はFalseです。
SummaryBelowData	省略可能	集計結果を小計の相対位置に配置します。

Consolidateメソッド

　VBAの集計には、Subtotalメソッドの他にも、Consolidateメソッドがあります。
　Consolidateメソッドは、複数のワークシートにある複数のセル範囲を、1枚のワークシートの1つのセル範囲に統合します。このメソッドで、複数のワークシートの串刺し計算を自動的に生成することができます。

PART 7　Lesson 4 Subtotalでデータを集計する

参考　標準モジュールのエクスポートとインポート

VBAのSubプロシージャやFunctionプロシージャは、ツールとして他のExcelファイルでも利用することができます。ユーザー定義関数として作成したFunctionプロシージャは、他のExcelファイルでも利用すると効率的な作業ができます。

VBAでは、モジュールのエクスポートとインポート機能を使用して、作成したモジュールを他のExcelファイルにコピーすることができます。

★モジュールをエクスポートする

Book1.xlsmの標準モジュールの[Module1]をファイルに保存します。

手順1

[VBAProject]の[Module1]をクリックして、[Module1]のコードウィンドウを表示します。

クリックする。

手順2

VBEのメニュー[ファイル]から[ファイルのエクスポート]をクリックします。

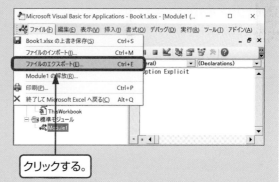

クリックする。

手順3

[ファイルのエクスポート]ダイアログボックスが表示されたら、「ファイル名」と「保存する場所」を設定して、ファイルをエクスポートします。

「ファイル名」を指定しなければ、自動的にModule1.basファイルになり、「保存する場所」を指定しなければ、Module1.basファイルは、Excelのカレントフォルダに保存されます。

★モジュールをインポートする

Book2.xlsmでは、ファイルから標準モジュールを読み込みます。

Book2.xlsmは、標準モジュールがないため、VBAProjectはMicrosoft Excel Objectsのみが表示されています。

手順1

VBEのメニュー［ファイル］から［ファイルのインポート］をクリックします。

クリックする。

手順2

［ファイルのインポート］ダイアログボックスが表示されたら、インポートするファイルを選択します。

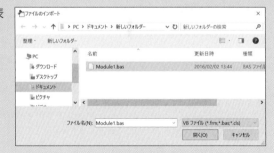

手順3

Book2.xlsmにModule1.basファイルから標準モジュールの［Module1］が読み込まれます。

PART 8

ユーザーフォームを作成して
データを入力する

▶▶ Lesson 1　　ユーザーフォームを作成する

▶▶ Lesson 2　　コントロールとイベントプロシージャ

▶▶ Lesson 3　　ユーザーフォームからデータを入力する

ユーザーフォームを作成する

学習のポイント
- ユーザーフォームを作成する方法を学びます。
- ユーザーフォームのプロパティとコードについて学びます。
- ユーザーフォームを開く方法と閉じる方法を学びます。

　このLessonで学習するのは、ワークシートのセルからデータへの表示と編集に利用できるユーザーフォームを作成する手順になります。

　ワークシートをデータベースのテーブルとして利用してデータの項目数が多くなると、1行分のデータをすべて確認するのは大変な作業になります。このような場合にユーザーフォームを利用すると、ワークシートの1行分のデータを1画面で表示してからデータの入力と変更や削除が簡単にできるようになります。

　さらにユーザーフォームはワークシートからデータの表示と編集をするだけではなく、ユーザーフォームでオリジナルなメニューを作成してユーザーに処理を選択させることもできます。

　ユーザーフォームの作成は、VBEのコードウィンドウに新しいユーザーフォームを挿入することから始まります。

　新しく挿入したユーザーフォームには、ツールボックスからラベル、テキストボックス、コマンドボタンなどの部品（コントロール）を貼り付けることができます。

　ユーザーフォームに貼り付けたコントロールに、それぞれデータの表示と編集やクリックなどの操作（イベント）に対応する作業（プロシージャ）のコードを割り当てます。

　最後にワークブックやワークシートの操作の途中において、ユーザーフォームをどのようなタイミングで開いて、データの表示と編集をしてから閉じるのかを決めます。

PART 8 Lesson 1 ユーザーフォームを作成する

1 ▶▶ ユーザーフォームを作成する

VBEのプロジェクトエクスプローラーのVBAProject（Book1.xslm）には、「Microsoft Excel Objects」としてSheet1とThisWorkbookが表示されています。

ここにVBAでのユーザーフォームを作成するには、VBEのメニューバーの［挿入］から［ユーザーフォーム］をクリックします。

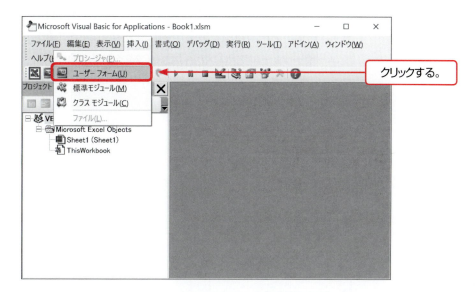

VBAがユーザーフォームを挿入すると自動的に「Userform1」という名前が付けられます。

プロジェクトエクスプローラーには「フォーム」が追加されて「Userform1」が表示されます。

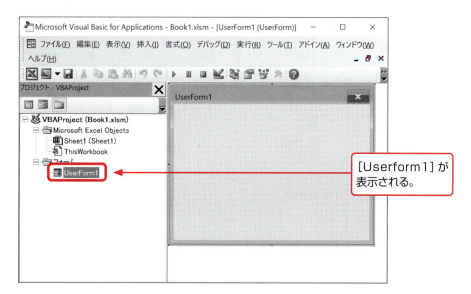

2 ▶▶ ユーザーフォームのプロパティを表示する

ユーザーフォームの名前、文字とフォント、サイズと位置などを変更するためには、プロパティウィンドウを表示する必要があります。

プロパティウィンドウを表示するには、VBEのメニューバーの [表示] から [プロパティウィンドウ] をクリックします。

ユーザーフォームのCaptionプロパティでは、タイトルバーに表示されている「Userform1」を「ユーザーフォーム」などの文字列に変更することができます。

ユーザーフォームのプロパティは数多くありますが、プロパティウィンドウからユーザーフォームの文字サイズと使用するフォント、高さと幅、表示位置、背景色や境界線のスタイルを変更することができます。

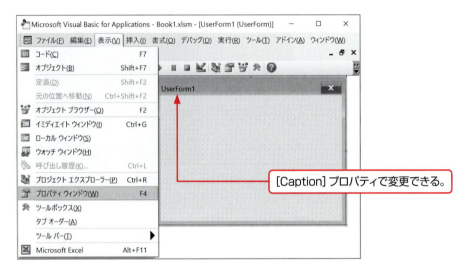

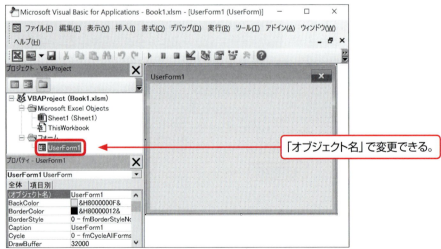

ユーザーフォームの名前はVBAが自動的に「UserForm1」と付けますが、プロパティウィンドウの「オブジェクト名」から変更することができます。

PART 8 Lesson 1 ユーザーフォームを作成する

●ユーザーフォームのプロパティ

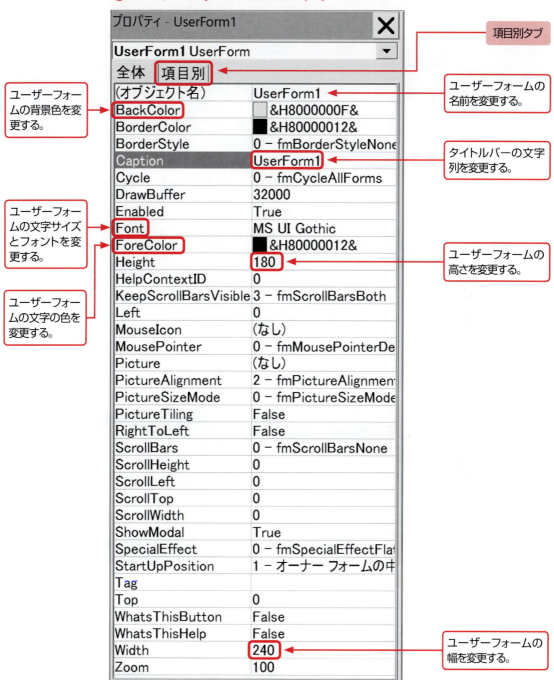

プロパティウィンドウは［全体］タブで名前順に、［項目別］のタブで機能別に表示を変更することができます。

■**UserFormオブジェクトのプロパティ（主なもの）**

BackColor	ユーザーフォームの背景色を設定します。
BoderColor	ユーザーフォームの境界線色を設定します。
BoderStyle	ユーザーフォームの境界線スタイルを設定します。
Caption	ユーザーフォームに表示する文字列を設定します。
Font	ユーザーフォームに表示するテキストの属性を設定します。
ForeColor	ユーザーフォームに表示する文字列の色を設定します。
Height	ユーザーフォームの高さをポイント単位で指定します。
Width	ユーザーフォームの幅をポイント単位で指定します。
Left	ユーザーフォームの位置を画面の左端からポイント単位で指定します。
Top	ユーザーフォームの位置を画面の上端からポイント単位で指定します。

■**UserFormオブジェクトのメソッド（主なもの）**

Hide	ユーザーフォームを非表示にします。
Show	ユーザーフォームを表示します。
Unload	ユーザーフォームをメモリから削除します。

■**UserFormオブジェクトのイベント（主なもの）**

Initialize	ユーザーフォームが表示される前に発生します。
Activate	ユーザーフォームがアクティブになったときに発生します。
Deactivate	ユーザーフォームがアクティブでなくなったときに発生します。
QueryClose	ユーザーフォームを閉じる前に発生します。
Terminate	ユーザーフォームを閉じるときに発生します。

Initializeイベント

UserForm_Initialize

変数の初期化や、コントロールの初期設定（リストボックスへの項目の追加など）をするときに使用します。

QueryCloseイベント

UserForm_QueryClose

ユーザーフォームがアンロードされたり、フォーム右上の［×］ボタンをクリックしたときに発生します。

Terminateイベント

UserForm_Terminate

ユーザーフォームに入力されたデータや処理した結果をワークシートや変数へコピーするときに使用します。

3 ▶▶ ユーザーフォームのコードを表示する

ユーザーフォームにVBAのコードを記述するためには、コードウィンドウを表示する必要があります。

VBAでコードウィンドウを表示するには、VBEのメニューバーの［表示］から［コード］をクリックします。

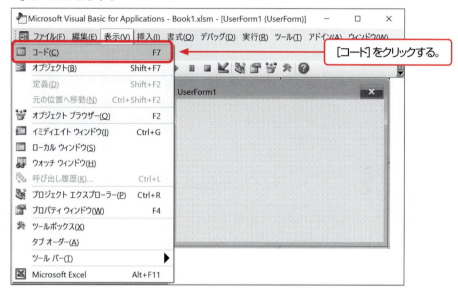

［コード］をクリックする。

コードウィンドウに、VBAのコードを記述することによりユーザーフォームの操作（イベント）に対応した作業（プロシージャ）を実行することができるようになります。

コードウィンドウはユーザーフォームごとに表示されますので、そこに実行するコードをイベントプロシージャとして作成します。

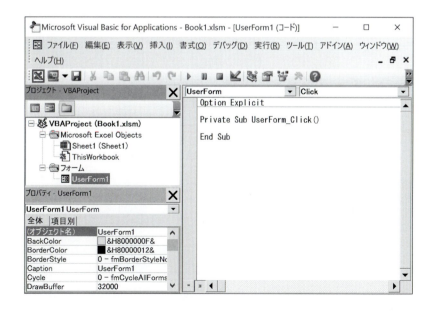

●ユーザーフォームのコード

コードウィンドウには、イベントプロシージャとしてUserForm_ClickのPrivate Subプロシージャがプロシージャにより自動的に作成されています。

ユーザーフォームがクリックされたときに、実行するコードを記述することができます。

```
Private Sub UserForm_Click()
    実行するコード
End Sub
```

ユーザーフォームが開かれたときに、実行するコードを記述することができます。

```
Private Sub UserForm_Activate()
    実行するコード
End Sub
```

ユーザーフォームが閉じられるときに、実行するコードを記述することができます。

```
Private Sub UserForm_Terminate()
    実行するコード
End Sub
```

ワンポイント▶▶ コードウィンドウとユーザーフォームの切り替え

プロジェクトウィンドウの[コード]ボタンと[ユーザーフォーム]ボタンのクリックから、ウィンドウを移動することができます。

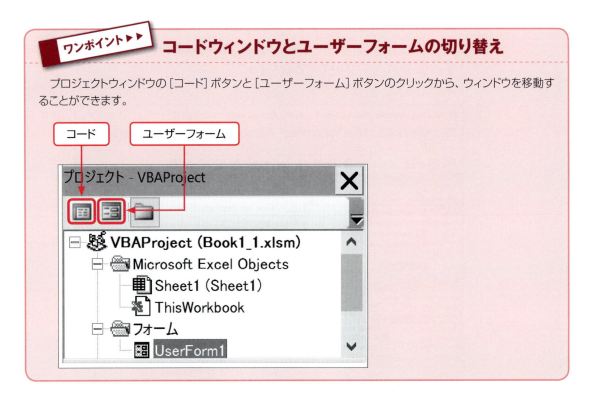

PART 8 Lesson 1 ユーザーフォームを作成する

4 ▶▶ ワークシートのボタンからユーザーフォームを開く

ユーザーフォームは、ワークシートのボタンのクリックから開くことができます。
標準モジュールのMacro1()プロシージャに、「ユーザーフォーム名.Show」のコードを記述して［フォームを開く］ボタンのクリックで、ユーザーフォームを開きます。

●ワークシートのボタンのクリックでユーザーフォームを開くコード

［フォームを開く］ボタンのクリックで、オブジェクト名が、"UserForm1"のユーザーフォームを開きます。

```
Sub Macro1()
    UserForm1.Show
End Sub
```

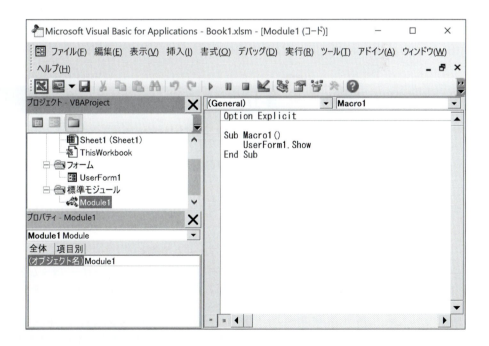

開かれたユーザーフォームは右上の［閉じる］ボタンで閉じることができます。

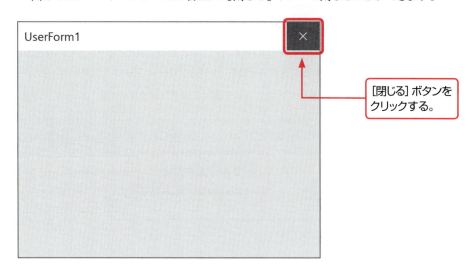

［閉じる］ボタンを
クリックする。

 **Showメソッド**

UserFormオブジェクト.Show

■省略可能なパラメータの説明

vbModal（既定値）	ユーザーフォームをモーダルで開きます。
vbModeless	ユーザーフォームをモードレスで開きます。

モードレスでユーザーフォームを開く

Showメソッドの既定値であるvbModalによりユーザーフォームを開くと、モーダルなユーザーフォームが表示されます。ユーザーフォームがモーダルで表示されている間は、Excelの操作ができなくなります。
ユーザーフォームにvbModelessのパラメータを付けてモードレスで開くと、ユーザーフォームが開いたままの状態でもExcelの操作ができるようになります。
モードレスのユーザーフォームは、Excelが時間のかかる処理を実行している間に、「しばらくお待ちください。」などのメッセージを表示する場合に利用できます。

5 ▶▶ ユーザーフォームを開くタイミング

ユーザーフォームを開くのは、ワークシートのボタンのクリックだけでなく、ワークブックを開いたときや指定したワークシートに移動したタイミングで開くこともできます。

●ワークブックを開いたときにユーザーフォームを開く

ThisWorkbookのコードウィンドウで、このファイルを開いたときにユーザーフォームを開くイベントプロシージャを追加します。

```
Private Sub Workbook_Open()
    UserForm1.Show
End Sub
```

●ワークシートに移動したときにユーザーフォームを開く

WorkSheetのコードウィンドウで、指定したワークシートに移動したときにユーザーフォームを開くイベントプロシージャを追加します。

```
Private Sub Worksheet_Activate()
    UserForm1.Show
End Sub
```

Lesson 2 コントロールとイベントプロシージャ

学習のポイント
- ユーザーフォームのツールボックスとコントロールを学びます。
- ラベル、テキストボックス、コマンドボタンを挿入する方法を学びます。
- ユーザーフォームとコントロールをイベントプロシージャで操作する方法を学びます。

　ユーザーフォームには、ラベル、テキストボックス、リストボックス、コンボボックス、チェックボックス、オプションボタン、フレーム、コマンドボタン、マルチページなど部品（コントロール）が準備されていて、ユーザーフォームの自由な位置に貼り付けて利用することができます。

　このうち、ラベル、テキストボックス、コマンドボタンをユーザーフォームに配置すると、基本的なデータ入力用のフォームを作ることができます。

　さらにテキストボックスとコンボボックスは、英数字の半角モードと日本語の全角モードをプロパティで切り替えることができますので、効率的に数値と金額や日本語のデータを入力をすることができます。

1 ▶▶ ツールボックスを開く

　ユーザーフォームにコントロールを配置するには、VBEのツールボックスを開きます。
　ツールボックスを開くには、VBEのメニュバーの［表示］から［ツールボックス］をクリックします。

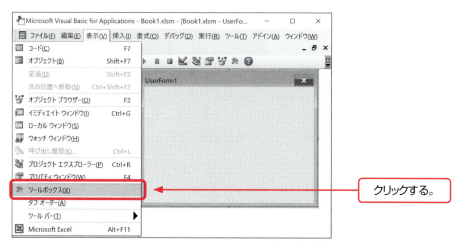

PART 8 Lesson 2 コントロールとイベントプロシージャ

［ツールボックス］の［コントロール］から必要なコントロール（部品）をユーザーフォームに貼り付けて利用することができます。

■ツールボックスのコントロールの種類

ラベル	A	Label	タイトルの文字列や説明用のテキストを表示します。
テキストボックス	abl	TextBox	文字列のデータの表示および入力と編集をします。
コンボボックス		ComboBox	複数の選択肢の一覧から項目の選択とデータの入力ができます。
リストボックス		ListBox	複数の選択肢の一覧から項目を選択します。
チェックボックス		CheckBox	チェックのオンとオフの入れ替えでデータを入力します。
オプションボタン		OptionButton	ボタンのオンとオフの入れ替えでデータを入力します。
トグルボタン		ToggleButton	ボタンのオンとオフの状態を入れ替えます。
フレーム	xyz	Frame	関連する複数のコントロールをグループ化します。
コマンドボタン		CommandButton	ボタンのクリックでコードを実行します。
タブストリップ		TabStrip	同じコントロールを複数のページに配置します。
マルチページ		MultiPage	異なるコントロールを複数のページに配置します。
スクロールバー		ScrollBar	矢印のクリックとドラッグで値の範囲をスクロールします。
スピンボタン		SpinButton	他のコントロールの連続する値をクリックで増減します。
イメージ		Image	BMP、JPEG、GIF形式などの画像を表示します。

2 ▶▶ ラベルを作成する

ラベルコントロールは、テキストボックスの項目名や説明用テキストなどの文字列を表示したり、ワークシートの文字列のデータを読み込んで表示することができます。

●ラベルをユーザーフォームに挿入する

ラベルをユーザーフォームに挿入するには、ツールボックスのラベルの画像をクリックしてから、貼り付けたい位置でクリックします。

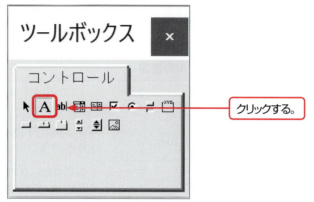

コントロールを貼り付けた後でも、プロパティウィンドウから文字サイズと使用するフォント、背景色と境界線などのスタイル、高さと幅のサイズやユーザーフォームの上端と左端からの位置を調整することができます。

ラベルのCaptionプロパティに表示されている「Label」を「ラベル」などの文字列に変更することができます。

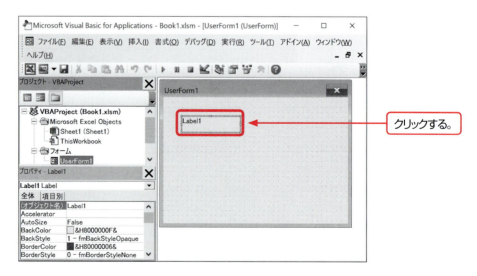

ラベルの名前はVBAが自動的に「Label1」と付けますが、プロパティウィンドウの「オブジェクト名」から変更することができます。

●ラベルのコード

VBAから自動的に挿入されるイベントプロシージャには、ラベルをクリックしたときに実行するコードを記述できます。

```
Private Sub Label1_Click()
    実行するコード
End Sub
```

CaptionプロパティでSheet1のA1セルのデータをラベルに表示します。

```
Label1.Caption = Sheets("Sheet1").Range("A1").Value
```

■Label コントロールのプロパティ（主なもの）

BackColor	コントロールの背景色を設定します。
BackStyle	コントロールの背景スタイルを設定します。
BoderColor	コントロールの境界線色を設定します。
BoderStyle	コントロールの境界線スタイルを設定します。
Caption	コントロールに表示する文字列を入力します。
Height	コントロールの高さをポイント単位で指定します。
Width	コントロールの幅をポイント単位で指定します。
Left	コントロールの位置を左端からポイント単位で指定します。
Top	コントロールの位置を上端からポイント単位で指定します。
Font	コントロールで表示する文字列のフォントやサイズを設定します。
ForeColor	コントロールで表示する文字列の色を設定します。
TabIndex	コントロールのタブオーダーの順番を設定します。
TabStop	コントロールのTabキーによる移動をスキップします。
TextAlign	コントロールの文字列を配置する位置を設定します。

■Label コントロールのイベント（主なもの）

Click	コントロールをクリックしたときに発生します。
DblClick	コントロールをダブルクリックしたときに発生します。

ワンポイント▶▶ コントロールを削除する

ユーザーフォームに貼り付けたコントロールを削除するには、削除するコントロールをクリックしてからDeleteキーを押します。

3 ▶▶ テキストボックスを作成する

　ユーザーが文字列を入力することのできるテキストボックスは、最も利用されるデータ入力用のコントロールです。

　テキストボックスは、ユーザーが新しく文字列のデータを入力したり、ワークシートのセルの値を文字列として取り込んでデータの表示から変更や削除をすることができます。

　また、ラベルコントロールのように、データを入力できない読み取り専用にしてテキスト表示用のコントロールとして使用することもできます。

●テキストボックスをユーザーフォームに挿入する

　テキストボックスをユーザーフォームに挿入するには、ツールボックスのテキストボックスの画像をクリックしてから、貼り付けたい位置でクリックします。

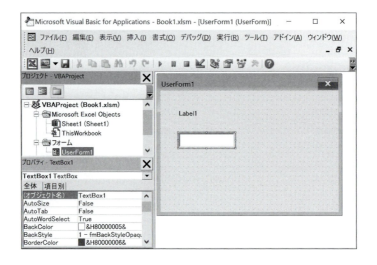

　テキストボックスの名前はVBAが自動的に「TextBox1」と付けますが、プロパティウィンドウの「オブジェクト名」から変更することができます。

　テキストボックスは、IMEModeプロパティによりコントロールの日本語入力システムのモードを設定できます。

　入力するデータの種類により、全角の日本語モードと半角の英数字モードを切り替えることができます。

　テキストボックスは、MultiLineプロパティをオンにすると複数行のテキストの表示と入力をすることができます。長い文字列の表示と入力ができますので、テキストボックスを「メモ帳」のように使用できます。

　また、PasswordCharプロパティを使用するとパスワードの入力などで入力した文字を表示させないことができます。

●テキストボックスのコード

　VBAから自動的に挿入されるイベントプロシージャには、テキストボックスのデータが変更されたときに実行するコードを記述できます。

　ChangeイベントでテキストボックスのデータをSheet1のA1セルに代入します。

```
Private Sub TextBox1_Change()
    Sheets( "Sheet1" ).Range("A1").Value = TextBox1.Value
End Sub
```

　ValueプロパティでSheet1のA1セルのデータをテキストボックスに表示します。

```
TextBox1.Value = Sheets( "Sheet1" ).Range("A1").Value
```

■TextBox コントロールのプロパティ
（主なもの　カラーと線、サイズと位置、フォントとタブは省略）

Enabled	コントロールの操作を可能にするかどうかを設定します。
Locked	コントロールの編集を可能にするかどうかを設定します。
MultiLine	コントロールで複数行のテキスト表示を設定します。
MaxLength	コントロールに入力できる文字数を設定します。
IMEMode	コントロールの日本語入力システムのモードを設定します。 　0 fmIMEModeNoContro　　IMEのモードを変更しません (既定値)。 　1 fmIMEModeOn　　　　　IMEをオンにします。 　2 fmIMEModeOff　　　　　IMEをオフにして英語モードにします。 　3 fmIMEModeDisable　　　IMEをオフにします。 　4 fmIMEModeHiragana　　全角ひらがなモードでIMEをオンにします。 　5 fmIMEModeKatakana　　全角カタカナモードでIMEをオンにします。 　6 fmIMEModeKatakanaHalf　半角カタカナモードでIMEをオンにします。 　7 fmIMEModeAlphaFull　　全角英数モードでIMEをオンにします。 　8 fmIMEModeAlpha　　　半角英数モードでIMEをオンにします。
TextAlign	コントロールの文字列を配置する位置を設定します。 　1 fmTextAlignLeft　　　文字列を左端に表示します (既定値)。 　2 fmTextAlignCenter　　文字列を中央揃えで表示します。 　3 fmTextAlignRight　　　文字列を右端に表示します。
Value	コントロールの文字列の設定と値の取得をします。
Visible	コントロールの表示と非表示を設定します。

■TextBox コントロールのイベント（主なもの）

Change	コントロールの文字列を変更したときに発生します。
AfterUpdate	コントロールの文字列を変更した後に発生します。

4 ▶▶ コマンドボタンを作成する

コマンドボタンは、「はい」「いいえ」「OK」などをボタンに表示して、ユーザーがボタンをクリックしたときに指定した操作を実行するコントロールになります。

コマンドボタンは、ユーザーフォームで特定の処理を実行する場合、ユーザーフォームで編集したデータをワークシートに保存する場合、ユーザーフォームを閉じる場合などに使用します。

またすでに開いているユーザーフォームから別の新しいユーザーフォームを開く場合にも利用できます。

●コマンドボタンをユーザーフォームに挿入する

コマンドボタンをユーザーフォームに挿入するには、ツールボックスのコマンドボタンの画像をクリックしてから、貼り付けたい位置でクリックします。

コマンドボタンのCaptionプロパティに表示されている「CommandButton1」を「ボタン」などの文字列に変更することができます。

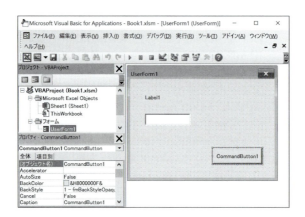

コマンドボタンの名前はVBAが自動的に「CommandButton1」と付けますが、プロパティウィンドウの「オブジェクト名」から変更することができます。

●コマンドボタンのコード

VBAから自動的に挿入されるイベントプロシージャは、コマンドボタンをクリックしたときに実行するコードを記述できます。

Clickイベントでテキストボックスのデータをsheet1のA1セルに代入します。

```
Private Sub CommandButton1_Click()
    Sheets("Sheet1").Range("A1").Value = TextBox1.Value
End Sub
```

■**CommandButton** コントロールのプロパティ
（主なもの　カラーと線、サイズと位置、フォントとタブは省略）

Caption	コントロールに表示する文字列を設定します。
Enabled	コントロールの操作を可能にするかどうかを設定します。
Locked	コントロールの編集を可能にするかどうかを設定します。
Visible	コントロールの表示と非表示を設定します。

■**CommandButton** コントロールのイベント（主なもの）

Click	コントロールをクリックしたとき発生します。
DblClick	コントロールをダブルクリックしたとき発生します。

ワンポイント▶▶ 金額や数値をカンマ付き入力する

テキストボックスに表示されるデータは文字列になります。
　このため、ワークシートのセルから金額や数値を取り込んでもカンマ、小数点以下の表示をすることができません。
　テキストボックスの金額や数値にカンマと小数点以下の表示をするには、Format関数を利用します。

★金額にカンマを付ける場合

```
Private Sub TextBox1_AfterUpdate()
    TextBox1.Value = Format(TextBox1.Value, "#,##0")
End Sub
```

★数値に小数点以下３桁までを表示をする場合

```
Private Sub TextBox1_AfterUpdate()
    TextBox1.Value = Format(TextBox1.Value, "0.000")
End Sub
```

5 ▶▶ コマンドボタンでユーザーフォームを閉じる

コマンドボタンのイベントプロシージャに、ユーザーフォームを閉じるコードを記述すると、開いているユーザーフォームを閉じることができます。

コマンドボタンのCaptionプロパティに表示されている「CommandButton1」を「閉じる」の文字列に変更します。

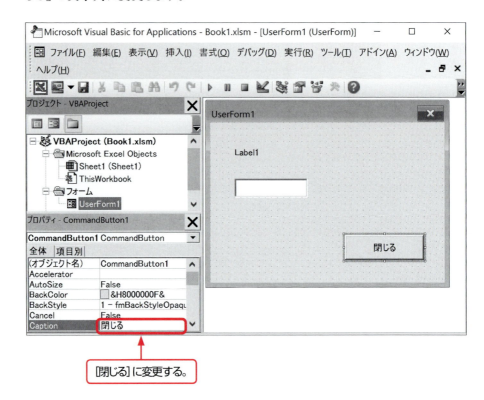

[閉じる]に変更する。

●コマンドボタンをクリックしたときにユーザーフォームを閉じるコード

コードウィンドウのイベントプロシージャに「CommandButton1」をクリックしたときに実行するコードを記述します。

「Unload Me」は、開いているユーザーフォームを閉じることができます。

```
Private Sub CommandButton1_Click()
    Unload Me
End Sub
```

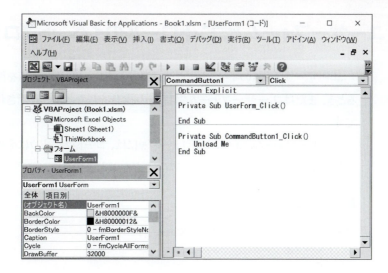

「UserForm1」を開いてから［閉じる］のコマンドボタンをクリックすると、このユーザーフォームが閉じられます。

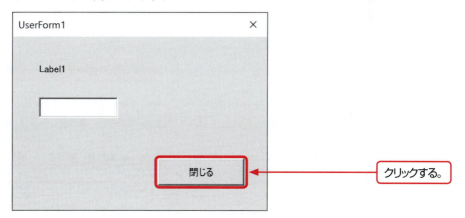

クリックする。

 **IMEモードの設定について**

日本語のIMEモードのため、数値入力で半角の入力モードが不安定になる場合があります。
ユーザーフォームの数値の入力欄を自動的に半角モードになるように設定した場合、IMEを全角モードにしてユーザーフォームを開くと数値入力のIMEの動作が不安定になります。
ユーザーフォームを開く際には、必ずIMEの全角モードをOFFにしてから開きます。

6 ▶▶ ユーザーフォームとコントロールのイベントプロシージャ

　ユーザーフォームのイベントプロシージャは、ユーザーフォームを開いたときや閉じるとき、またはユーザーフォームで特定の操作をしたときに実行されるプロシージャです。

　ユーザーフォームのイベントプロシージャには、コードウィンドウにそのユーザーフォームを操作したタイミングで実行するコードを記述します。

■イベントプロシージャの書式

```
Private Sub オブジェクト名_イベント名()
    実行するコード
End Sub
```

　ユーザーフォームに対応するイベントプロシージャを作成するには、オブジェクトボックスでユーザーフォーム「UserForm」を表示してから、プロシージャボックスでイベントを選択します。

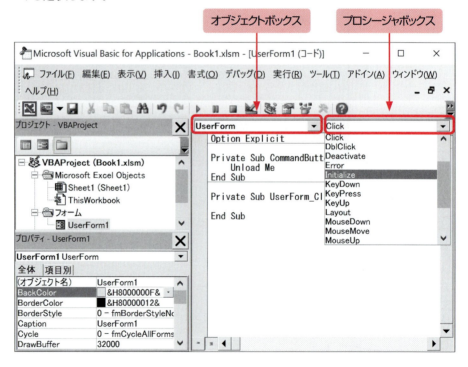

　ユーザーフォームのプロシージャボックスからInitializeイベント、Activateイベント、Deactivateイベント、QueryCloseイベントなどが選択できます。

PART 8　Lesson 2 コントロールとイベントプロシージャ

　コントロールのイベントプロシージャは、コントロールにフォーカスが移動したときや離れたとき、コントロールにデータを入力したとき、コントロールのクリックやチェックをしたときなどに実行されるプロシージャです。

　コントロールのイベントプロシージャには、ユーザーフォームのコードウィンドウにコントロールを操作したタイミングで実行するコードを記述します。

　テキストボックスに対応するイベントプロシージャを作成するには、オブジェクトボックスでコントロールの「TextBox1」を表示してから、プロシージャボックスでイベントを選択します。

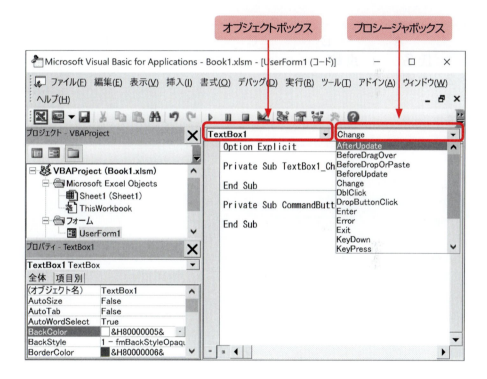

　テキストボックスのプロシージャボックスからは、ChangeイベントやAfterUpdateイベントなどが選択できます。
　コマンドボタンのプロシージャボックスからは、CkickイベントやDbCkickイベントなどが選択できます。

やってみよう！69 ▶▶ 氏名と点数のデータをユーザーフォームで入力する

　氏名をA2セルに点数をB2のセル入力するユーザーフォームを作成して、[氏名と点数の入力]ボタンのクリックで実行します。

　氏名と点数の変更は、すぐにワークシートのセルのデータに反映するようにします。

　ユーザーフォームの氏名の入力欄は日本語モードをオンにして全角入力しますが、点数の入力欄は半角英数のため日本語モードをオフにして入力します。

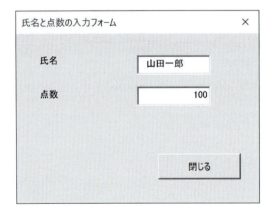

　ファイル名 try69

- ●氏名のTextBox1は、プロパティからIMEモードをオンにしてテキストを左端に寄せて入力します。
- ●点数のTextBox2は、プロパティからIMEモードをオフにしてテキストを右端に寄せて入力します。
- ●ワークシートのセルからはActivateイベントで、ユーザーフォームが開かれたときにデータを取り込みます。
- ●氏名のTextBox1と点数のTextBox2は、Changeイベントで、すぐにワークシートのセルのデータを変更します。
- ●コマンドボタンはCaptionプロパティを「閉じる」に変更して、ClickイベントプロシージャにUnload Meのコードを記述してユーザーフォームを閉じます。

Lesson 3 ユーザーフォームからデータを入力する

学習のポイント
- リストボックスとコンボボックスからデータを入力する方法を学びます。
- オプションボタンからデータを入力する方法を学びます。
- チェックボックスからデータを入力する方法を学びます。

　ユーザーフォームのデータ入力と編集用のコントロールには、テキストボックス以外にもリストの項目から選択するリストボックスとコンボボックス、複数の項目のうちどれか一つをチェックするチェックボックス、ボタンのオンとオフの状態を入れ替えてデータを入力するオプションボタンがあります。

　これらのコントロールは、データの種類によりワークシートと関連を付けてユーザーフォームに配置すると効率的なデータ入力をすることができます。

1 ▶▶ リストボックスを作成する

　リストボックスは、選択肢のリストを表示してその中から1つまたは複数の項目を選択するコントロールです。

　リストボックスでは、あらかじめ番号やデータが異なる複数の項目のすべてを一覧で表示しておくことができます。

　ただし、リストボックスは、リストの項目からしかデータを選択できませんので、リストにないデータを入力するにはコンボボックスを使用します。

　この例では、必要なものとして「パソコン」「タブレット」「プリンター」から1つを選択するリストボックスを作成して、［フォームを開く］ボタンのクリックから実行します。リストボックスから選択したデータはセルにコピーします。

	A	B	C	D	E	F
1		必要なもの				
2		パソコン			フォームを開く	
3		タブレット				
4		プリンター				
5						

クリックする。

●リストボックスをユーザーフォームに挿入する

リストボックスをユーザーフォームに挿入するには、ツールボックスのリストボックスの画像をクリックしてから、貼り付けたい位置でクリックします。

リストボックスの「MultiSelect」プロパティでリストから複数選択をするかどうかを設定します。

ここでは既定値の「fmMultiSelectSingle」でリストからは1つの項目だけを選択できるようにしています。

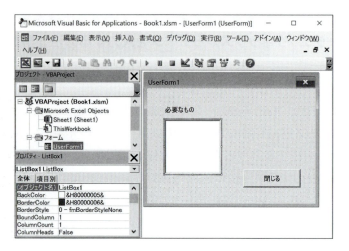

リストボックスの名前は、VBAが自動的に「ListBox1」と付けますが、プロパティウィンドウの「オブジェクト名」から変更することができます。

●リストボックスのコード

ユーザーフォームがアクティブになったときに、リストボックスのリストにB2セルからB4セルのデータを設定します。

```
Private Sub UserForm_Activate()
    ListBox1.List = Sheets("sheet1").Range("B2:B4").Value
End Sub
```

リストボックスのリストがクリックで変更されたときは、そのデータをC2セルにコピーします。

```
Private Sub ListBox1_Click()
    Sheets("sheet1").Range("C2").Value = ListBox1.Value
End Sub
```

PART 8 Lesson 3 ユーザーフォームからデータを入力する

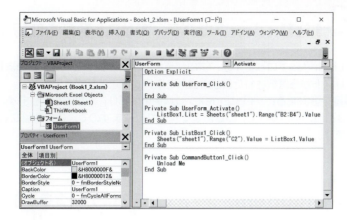

リストの選択肢の項目がリストボックス内にすべて表示できない場合は、リストの右側にスクロールバーが表示されます。

■ListBox コントロールのプロパティ
（主なもの　カラーと線、サイズと位置、フォントとタブは省略）

ColumnCount	コントロールに表示する列の数を設定します。
MultiSelect	コントロールのリストから複数選択をするかどうかを設定します。 　　0 fmMultiSelectSingle　　　リストから1つだけ選択できます（既定値）。 　　1 fmMultiSelectMulti　　　複数選択を許可します。 　　2 fmMultiSelectExtended　複数選択を許可します。Shift キーまたは Ctrl キーを利用して複数の項目を選択できます。
TextAlign	コントロールの文字列を配置する位置を設定します。
Value	コントロールの文字列の設定と値の取得をします。

■ListBox コントロールのメソッド（主なもの）

AddItem	リストに項目を追加します。
RemoveItem	リストから項目を削除します。

■ListBox コントロールのイベント（主なもの）

Click	コントロールをクリックしたときに発生します。
Change	コントロールの選択項目を変更したときに発生します。
AfterUpdate	コントロールの選択項目を変更した後に発生します。

 **ListIndexプロパティでリスト番号を取得する**

　リストボックスのListindexプロパティは、プロパティウィンドウに表示されていませんが、VBAのコードで使用するとリストから選択された項目の番号を取得することができます。
　リストの最初の項目を選択すると、Listindexプロパティは「0」の数値を返します。リストの2番目の項目が「1」、3番目の項目が「2」の数値をそれぞれ返しますので、この数値をVBAのコードで使用することができます。

 **AddItemメソッドでリストにデータを追加する**

　リストボックスまたはコンボボックスは、VBAのコードからAddItemメソッドを使用してリストに項目を追加することができます。

 AddItemメソッド

オブジェクト.AddItem(Text, Index)

■パラメータの説明

Text（必須）	リストに追加する項目を指定します。
Index	リストに追加する順番を指定します。 省略するとリストの最後に追加されます。

```
ListBox1.AddItem "パソコン"
ListBox1.AddItem "タブレット"
ListBox1.AddItem "プリンター"

ComboBox1.AddItem "本人"
ComboBox1.AddItem "配偶者"
ComboBox1.AddItem "子供"
```

PART 8 Lesson 3 ユーザーフォームからデータを入力する

2 ▶▶ コンボボックスを作成する

コンボボックスは、リストボックスのように選択肢のプルダウンメニューの中から項目を選択することと、テキストボックスのように文字列を直接入力することができます。

コンボボックスは、リストボックスよりコンパクトですので、項目のリストを表示するには下向き矢印をクリックする必要があります。

ただし、コンボボックスはリストの中から1つのデータしか選択することができませんので、リストから複数のデータを選択するにはリストボックスを使用します。

この例では、続柄として「本人」「配偶者」「子供」から1つを選択するコンボボックスを作成して、[フォームを開く] ボタンのクリックから実行します。コンボボックスから選択したデータはセルにコピーします。

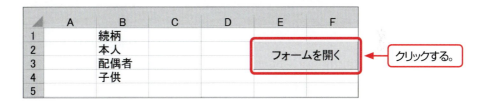

■コンボボックスをユーザーフォームに挿入する

コンボボックスをユーザーフォームに挿入するには、ツールボックスのコンボボックスの画像をクリックしてから、貼り付けたい位置でクリックします。

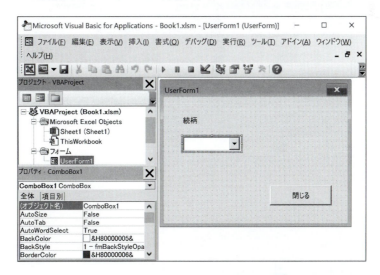

コンボボックスの名前は、VBAが自動的に「ComboBox1」と付けますが、プロパティウィンドウの「オブジェクト名」から変更することができます。

●コンボボックスのコード

　ユーザーフォームがアクティブになったときに、コンボボックスのリストにB2セルからB4セルのデータを設定します。

```
Private Sub UserForm_Activate()
    ComboBox1.List = Sheets("sheet1").Range("B2:B4").Value
End Sub
```

　コンボボックスのリストがクリックで変更されたときは、そのデータをC2セルにコピーします。

```
Private Sub ComboBox1_Change()
    Sheets("sheet1").Range("C2").Value = ComboBox1.Value
End Sub
```

　コンボボックスのStyleプロパティは「fmStyleDropDownCombo」が既定値になっており、リストから項目の選択ができるほか、リストにないデータの入力もできるようになっています。

　これでコンボボックスは、リストにない「長男」や「長女」などの文字列データを直接入力することができます。

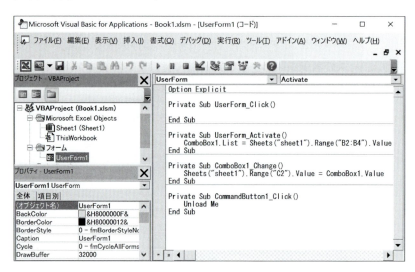

PART 8　Lesson 3　ユーザーフォームからデータを入力する

■ComboBox コントロールのプロパティ
（主なもの　カラーと線、サイズと位置、フォントとタブは省略）

ColumnCount	コントロールに表示する列の数を設定します。
IMEMode	コントロールの日本語入力システムのモードを設定します。
Style	コントロールで値の選択方法または入力方法を設定します。 　　0　fmStyleDropDownCombo　値の入力とリストからの選択ができます（既定値）。 　　2　fmStyleDropDownList　値はリストから選択しなければなりません。
TextAlign	コントロールの文字列を配置する位置を設定します。
Value	コントロールの文字列の設定と値の取得をします。

■ComboBox コントロールのメソッド（主なもの）

AddItem	リストに項目を追加します。
RemoveItem	リストから項目を削除します。

■ComboBox コントロールのイベント（主なもの）

Click	コントロールをクリックしたときに発生します。
Change	コントロールの選択項目を変更したときに発生します。
AfterUpdate	コントロールの選択項目を変更した後に発生します。

ワンポイント▶▶　コントロールをTabキーで移動する順番の設定

　ユーザーフォームに配置したコントロールは、Tabキーで次のコントロールに移動することができます。
　VBEの[表示]メニューから[タブオーダー]をクリックすると、Tabキーでコントロールを移動する順番が表示されます。この[タブオーダー]ダイアログボックスから、コントロールを移動する順番を変更することができます。
　コントロールのTabIndexプロパティでも、タブオーダーを変更できます。TabIndexプロパティを0にするとユーザーフォームを開いたときにそのコントロールからデータ入力が開始されます。
　コントロールのTabStopプロパティは、Tabキーによる移動をスキップします。TabStopプロパティをFalseにするとTabキーでそのコントロールに移動することができません。

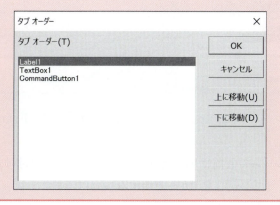

3 ▶▶ オプションボタンを作成する

オプションボタンは、ボタンのオンとオフの切り替えでデータを入力するコントロールです。2項目以上のグループで使う場合は、1つを選択(値はTrue)すると他の項目は選択を解除した状態(値はFalse)になります。

性別(男性／女性)と血液型(A型／O型／B型／AB型)など、オプションボタンをグループ分けしたい場合はフレーム(Frame)コントロールを利用します。

フレーム内に配置したオプションボタンは自動的にグループ化されてその中で選択できるのはいずれか1つの項目だけになります。

この例では、「男性」と「女性」のうちどちらかを選択するオプションボタンを作成して、[フォームを開く]ボタンのクリックで実行します。オプションボタンのチェックによりセルの「男性」と「女性」の文字列が変更されます。

●フレームをユーザーフォームに挿入する

フレームをユーザーフォームに挿入するには、ツールボックスのフレームの画像をクリックしてから、貼り付けたい位置でクリックします。

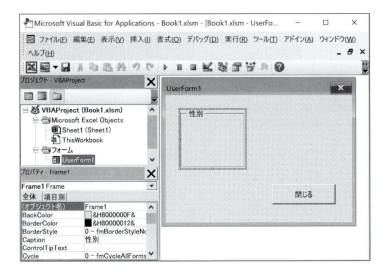

フレームのCaptionプロパティに表示されている「Frame1」を「性別」に変更します。

フレームの名前はVBAが自動的に「Frame1」と付けますが、プロパティウィンドウの「オブジェクト名」から変更することができます。

●オプションボタンをフレームに挿入する

オプションボタンをフレームに挿入するには、ツールボックスのオプションボタンの画像をクリックしてから、貼り付けたい位置でクリックします。

オプションボタンのCaptionプロパティから「Optionbutton1」を「男性」に、「Optionbutton2」を「女性」に変更します。

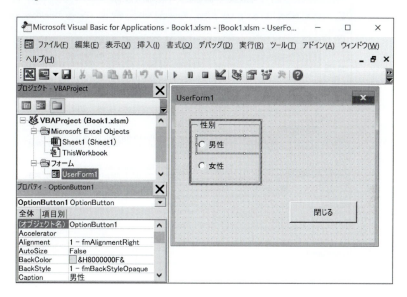

オプションボタンの名前はVBAが自動的に「OptionButton1」「OptionButton2」と付けますが、プロパティウィンドウの「オブジェクト名」から変更することができます。

●オプションボタンのコード

ユーザーフォームがアクティブになったときに、B2セルからオプションボタンの表示を設定します。

```
Private Sub UserForm_Activate()
    If Sheets("sheet1").Range("B2").Value = "男性" Then
        OptionButton1.Value = True
    Else
        OptionButton2.Value = True
    End If
End Sub
```

オプションボタンのOptionButton1がクリックされたときは、B2セルに「男性」の文字列が、OptionButton2がクリックされたときは、「女性」の文字列が代入されます。

```
Private Sub OptionButton1_Click()
    Sheets("sheet1").Range("B2").Value = "男性"
End Sub
```

```
Private Sub OptionButton2_Click()
    Sheets("sheet1").Range("B2").Value = "女性"
End Sub
```

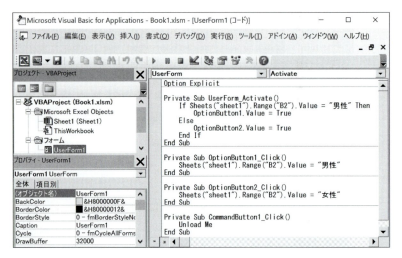

■**OptionButton コントロールのプロパティ**
（主なもの　カラーと線、サイズと位置、フォントとタブは省略）

Caption	コントロールに表示する文字列を設定します。
Enabled	コントロールの操作を可能にするかどうかを設定します。
Locked	コントロールの編集を可能にするかどうかを設定します。
Value	コントロールが選択されているかどうかを指定します。

■**OptionButtonコントロールのイベント（主なもの）**

Click	コントロールをクリックしたときに発生します。
Change	コントロールの選択項目を変更したときに発生します。

4 ▶▶ チェックボックスを作成する

　チェックボックスは、チェックのオンとオフを入れ替えでデータを入力するコントロールです。

　チェックボックスをクリックで選択すると、チェックマークが表示されて値はTrueになりますが、選択を解除するとチェックマークの表示が消えて値はFalseになります。フレーム（Frame）コントロール内に複数のチェックボックスを配置してグループ化することもできます。

　この例では、「パソコン」「タブレット」「プリンター」のうち必要なものを選択するチェックボックスを作成して、［フォームを開く］ボタンのクリックで実行します。チェックボックスにチェックが付くと、その項目の右側のセルに○が表示されます。

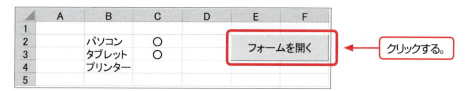

●チェックボックスをユーザーフォームに挿入する

　チェックボックスをユーザーフォームに挿入するには、ツールボックスのチェックボックスの画像をクリックしてから、貼り付けたい位置でクリックします。

　チェックボックスのCaptionプロパティから「CheckBox1」を「パソコン」に、「CheckBox2」を「タブレット」に、「CheckBox3」を「プリンター」に変更します。

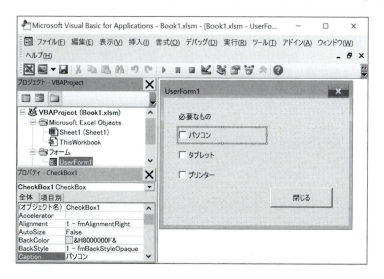

　チェックボックスの名前はVBAが自動的に「CheckBox1」と付けますが、プロパティウィンドウの「オブジェクト名」から変更することができます。

●チェックボックスのコード

　ユーザーフォームがアクティブになったときに、C2セルからC4セルのデータからチェックボックスの表示を設定します。

```
Private Sub UserForm_Activate()
    If Sheets("sheet1").Range("C2").Value = "○" Then
        CheckBox1.Value = True
    Else
        CheckBox1.Value = False
    End If
    If Sheets("sheet1").Range("C3").Value = "○" Then
        CheckBox2.Value = True
    Else
        CheckBox2.Value = False
    End If
    If Sheets("sheet1").Range("C4").Value = "○" Then
        CheckBox3.Value = True
    Else
        CheckBox3.Value = False
    End If
End Sub
```

　「パソコン」のCheckBox1をクリックしてチェックを付けると、対応するC2セルに「○」が表示されるようにします。同様に「タブレット」のCheckBox2でC3セルに、「プリンター」のCheckBox3でC4セルに「○」を表示します。

```
Private Sub CheckBox1_Click()
    If CheckBox1.Value = True Then
        Sheets("sheet1").Range("C2").Value = "○"
    Else
        Sheets("sheet1").Range("C2").Value = ""
    End If
End Sub
```

```
Private Sub CheckBox2_Click()
    If CheckBox2.Value = True Then
        Sheets("sheet1").Range("C3").Value = "○"
    Else
        Sheets("sheet1").Range("C3").Value = ""
    End If
End Sub
```

PART 8 Lesson 3 ユーザーフォームからデータを入力する

```
Private Sub CheckBox3_Click()
    If CheckBox3.Value = True Then
        Sheets("sheet1").Range("C4").Value = "○"
    Else
        Sheets("sheet1").Range("C4").Value = ""
    End If
End Sub
```

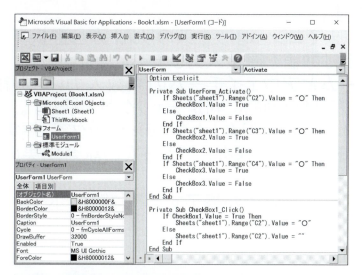

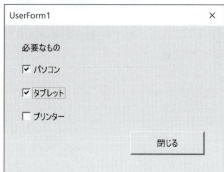

■**CheckBox コントロールのプロパティ**
（主なもの　カラーと線、サイズと位置、フォントとタブは省略）

Caption	コントロールに表示する文字列を設定します。
Enabled	コントロールの操作を可能にするかどうかを設定します。
Locked	コントロールの編集を可能にするかどうかを設定します。
Value	コントロールがチェックされているかどうかを指定します。

■**CheckBoxコントロールのイベント（主なもの）**

Click	コントロールをクリックしたときに発生します。
Change	コントロールの選択項目を変更したときに発生します。

307

やってみよう！70 試合結果のデータをユーザーフォームで入力する

　試合結果のデータからホームチームの名前と点数およびアウェイチームの名前と点数についてのデータ入力と、ホームチームの勝ちが「1」、ホームチームの負けが「2」、引分けは「0」を判定するユーザーフォームを作成して［試合結果の入力］ボタンのクリックで実行します。

　点数は4点までコンボボックスのリストから選択できますが、5点以上の場合は数値を直接入力します。

　ホームチームとアウェイチームの点数入力により試合結果のチェックボックスは自動的に判定チェックが入ります。

　ユーザーフォームの［保存］ボタンのクリックで、編集中のデータをワークシートのセルに保存してから次の試合結果のデータを連続して入力します。

　試合結果のデータ入力が終了すると［終了］ボタンのクリックでユーザーフォームを閉じます。

	A	B	C	D	E	F	G	H	I	J
1	ホーム	点数	アウェイ	点数	結果					点数
2	東京	3	名古屋	2	1		試合結果の入力			0
3	福岡	1	大阪	2	2					1
4	仙台	2	大分	2	0					2
5										3
6										4

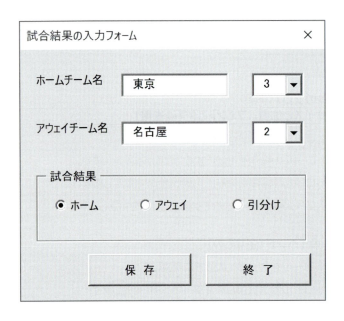

ファイル名 **try70**

PART 8　Lesson 3　ユーザーフォームからデータを入力する

- コンボボックスは、**Style**プロパティでデータの入力ができるようにします。
- ユーザーフォームの**Initialize**イベントで変数とコンボボックスのリストのデータを設定します。
- ワークシートのセルから**Activate**イベントで、ユーザーフォームが開かれたときにデータを取り込みます。
- ホームチームとアウェイチームのコンボボックスの**Change**イベントから、試合結果の「ホーム」「アウェイ」「引分け」のチェックボックスにチェックを付けます。
- コマンドボタンの「保存」で、ユーザーフォームのデータをワークシートのセルにコピーします。同時に次の試合のデータを読み込みます。

 目的に合ったコントロールを選ぶ

　ホームチームとアウェイチームの名前が決まっている場合は、コンボボックスから選択したほうが効率的です。また、「前データ」と「次データ」のコマンドボタンを作成して試合結果を移動できるようにすると、より使いやすくなります。

 **コントロールをグリッドに合わせる**

　ユーザーフォームには、グリッド（格子）が表示されています。コントロールをユーザーフォームに配置するときに、挿入したコントロールをグリッドに合わせることができます。
　さらに、グリッドの幅と高さはポイント単位で調整できるので、コントロールの位置合わせが楽になります。
　ユーザーフォームのグリッドは、VBEのメニューバーの［ツール］から［オプション］を選択して、［全般］タブから設定することができます。

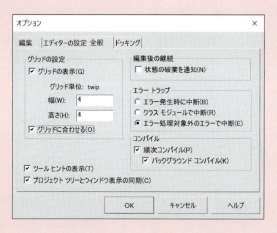

付録

▶▶ 付録1　　Excelファイルのダウンロードについて
▶▶ 付録2　　本書とExcelファイルへのご質問について
▶▶ 付録3　　VBAの次の学習ステップについて
▶▶ 付録4　　総合問題で応用力を付ける

付録 1 Excelファイルの ダウンロードについて

　この本で解説した例題と問題および解答のExcelファイルは、株式会社技術評論社の下記のサイトからダウンロードすることができます。

http://gihyo.jp/book/2016/978-4-7741-8144-8

　例題と問題および解答のExcelファイルの拡張子は、Excel 2016とExcel 2013のマクロ有効ブックであるxlsmになっています。

　Excelのバージョンによるファイルの拡張子の種類については20ページを参考にしてください。

　本書は、Excel 2016／2013に対応した書籍です。Excel 2010／2007／2003／2000への対応は確認しておらず、動作を保証いたしません。また、Excel 2003／2000では、ダウンロードしたファイルを開くことができません。

　サンプルファイルの内容は、以下のとおりです。

・例題　30ファイル
例題01（rei01.xlsm）.例題30（rei30.xlsm）の30ファイルです。「例題」フォルダに収録されています。

・演習問題　70ファイル
「やってみよう」のプログラムを書き込む以前のファイルです。「やってみよう!1」（try01.xlsm）〜「やってみよう!70」（try70.xlsm）の70ファイルを使って、プログラムをしてみましょう。「問題」フォルダに収録されています。

・演習解答　70ファイル
「やってみよう」の解答例のファイルです。「やってみよう!1」（kai01.xlsm）〜「やってみよう!70」（kai70.xlsm）の70ファイルを使って、プログラムを確認してみましょう。「解答」フォルダに収録されています。

・総合問題　7ファイル
付録4（317ページ）掲載の「総合問題01」「総合問題02」「総合問題03」の問題（soutry01.xlsm〜soutry03.xlsm）および解答ファイル（soukai01.xlsm〜soukai03.xlsm）、総合問題の解説（sougou.pdf）です。「総合問題」フォルダに収録されています。

付録1 Excelファイルのダウンロードについて

ダウンロードファイルは、zip形式で圧縮されています。以下の方法で展開してからお使いください。ここでの説明はWindows 10を前提としています。

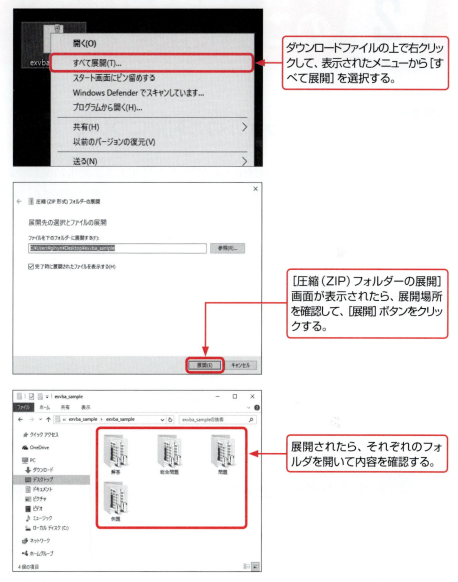

ダウンロードファイルの上で右クリックして、表示されたメニューから［すべて展開］を選択する。

［圧縮（ZIP）フォルダーの展開］画面が表示されたら、展開場所を確認して、［展開］ボタンをクリックする。

展開されたら、それぞれのフォルダを開いて内容を確認する。

なお、ダウンロード以外の方法でのExcelファイルの提供は行っておりませんので、ご了承ください。

このダウンロードしたExcelファイルのデータはすべて本書用に作成したものであり、実在のものとは一切関係がありません。

例題と問題の解答についてのVBAのコードは、VBAが初めての人のために日本語の変数名を使用している場合や、コードの理解をしやすくするために省略できる部分を省略せずに記述している場合があります。

例題と問題に対する解答は一つではありません。VBAでは簡潔できれいなコードを記述することで、プログラムの実行速度を上げることができます。

付録2 本書とExcelファイルへのご質問について

1 ▶▶ サンプルファイルのご利用について

ダウンロードしたExcelファイルの使用および使用結果について、使用者および第三者の直接的および間接的ないかなる損害に対しても、ファイルの制作者ならびに出版社は一切の責任を負いません。

ダウンロードしたExcelファイルによって発生した計算誤り、または印刷誤りは、使用者の責任で対処していただくという原則で使用してください。

ダウンロードしたExcelファイルは、あらゆる損害に対する免責をご承諾いただくことを使用条件とします。

ダウンロードしたExcelファイルへの変更と機能の追加等のカスタマイズは、ユーザーの責任で行ってください。ファイルの制作者ならびに出版社はいっさい代行をいたしません。

また、カスタマイズをした後のExcelファイルにつきましても、ファイルの制作者ならびに出版社は一切の責任を負うことはできません。

2 ▶▶ 本書とダウンロードしたExcelファイルへのご質問について

本書とダウンロードしたExcelファイルに対するご質問は、本書に記載されている内容とダウンロードしたExcelファイルに関するものとさせていただきます。

パソコン、Windows、Office製品に関する事項や、本書に記載されていないマクロとVBAに関するご質問にはお答えできませんので、あらかじめご了承ください。

（1）著者へ質問される場合

本書とダウンロードしたExcelファイルに対するご質問は、すべてメールで対応させていただいております。

ご質問についてのメールアドレスは、下記サイトでご確認ください。

http://soft-j.com/contact.html

付録2 本書とExcelファイルへのご質問について

　ご質問メールを送信される際には、下記の項目を合わせてお送りください。

【購入した書籍名】【お使いのWindowsのバージョン】【お使いのExcelのバージョン】【ご質問の内容】

　ご質問につきましては、電話とFAXによる回答はしておりません。ご質問への回答はすべてメールで対応しています。メールで電話番号をお知らせいただきましても、電話またはFAXで回答を送付することはありません。

(2) 株式会社　技術評論社へ質問される場合

　本書とダウンロードしたExcelファイルに対するご質問は、すべてメールもしくはFAX・書面にて対応させていただいております。

　メールでのご質問については、下記サイトからお送りいただけますのでご確認ください。ご質問をメールにて送信される際には、入力フォームに従い、必要事項を入力のうえ、質問内容をより詳細に記してお送りください。

　http://gihyo.jp/book/2016/978-4-7741-8144-8

　ご質問をFAX・書面にて送信される際には、次の項目を明記の上、下記のお問い合わせ先までお送りください。

【購入した書籍名】【お使いのWindowsのバージョン】【お使いのExcelのバージョン】【ご質問の内容】【連絡先】

■お問い合わせ先

【住所】〒162-0846　東京都新宿区市谷左内町21-13
　　　　株式会社技術評論社　書籍編集部
　　　　「Excel VBA 標準テキスト 2013／2016対応版」係
【FAX】03-3513-6183

　なお、電話でのご質問は、一切受け付けておりませんので、あらかじめご了承くださいますよう、お願いいたします。

　ご質問いただいた先が、著者であれ技術評論社であれ、お送りいただいたご質問には、できる限り迅速にお答えできるよう努力いたしておりますが、場合によってはお答えするまでに時間がかかることがあります。また、回答の期日をご指定なさっても、ご希望にお応えできるとは限りません。あらかじめご了承くださいますよう、お願いいたします。

　VBAをマスターする一番の近道は、実際のビジネスや学習で利用できる簡単なシステムを作成してみることです。ExcelとVBAの世界は大変に奥が深いので、この本ではまだまだ解説していない事項が数多くあります。VBAの次の学習ステップへのヒントとして、そのうちのいくつかを紹介させていただきます。

★インターネットでのホームページの表示とメールの送信
　VBAからは、インターネットエクスプローラーの操作とメールの送信をすることができます。URLからホームページを表示することはもちろん、インターネットエクスプローラーの多くの機能を利用することができます。

★画像データの処理
　VBAでは、ユーザーフォームへの画像の貼り付けや、ワークシートへの画像の貼り付けをすることができます。画像のサイズは、貼り付けるユーザーフォームのイメージ領域や、ワークシートのセル範囲により自動調整をすることができます。

★ピボットテーブルとグラフ
　ピボットテーブルとグラフは、データの多角的な分析に利用されます。VBAでは、指定したデータからピボットテーブルとグラフを自由に作成することができます。

★ADOライブラリー
　この本では、ワークシートをデータベースのテーブルとして「検索」「並べ替え」「抽出」処理について説明しました。ADO（ActiveX Data Object）ライブラリーを使用すると、ワークシートだけではなく、AccessやSQL-Serverのデータベースファイルに接続してExcelからデータベース処理をすることができます。

★FileSystemObject
　VBAからは、FileSystemObject（FSO）ファイルシステムオブジェクトを利用してファイルの操作をすることができます。このオブジェクトでは、ドライブ、フォルダ、ファイルの操作やファイル情報の取得ができます。

★クラスモジュール
　VBEで作成できるモジュールは、「標準モジュール」と「クラスモジュール」がありますが、「クラスモジュール」は、開発効率の高いオブジェクト指向プログラミングに対応したVBAのコードを作成することができます。

★XMLファイル
　VBAでは、XMLのデータファイルを開いて、そのファイルの内容をXMLリストの形式で表示することができます。なおExcel2007以降で作成するExcelファイルは、内部的にはすべてXML形式になっています。

付録 4 総合問題で応用力を付ける

付録 4 総合問題で応用力を付ける

総合問題では、これまで紹介してきたマクロとVBAの機能を組み合わせて、名簿のカード形式管理、請求書と売上管理、入庫と出庫から在庫管理について簡単なシステムの作成例を解説します。もちろん、学習用の簡易なシステムですので、実務で利用できるレベルではありません。この総合問題では、データの流れとVBAのコードとの関連を理解して応用力を付けることが目的になります。

各問題の詳しい解説は、PDFファイルをダウンロードしてください（312ページ参照）。

総合問題 01 ▶▶ 名簿のデータをカード形式で管理する

Excelのワークシートに多くの見出し項目を設定すると、パソコンの画面には収まらなくなります。そのためワークシートを縦や横にスクロールして全体を見ることになりますが、この場合もExcelの「ウィンドウ枠の固定」で見出しを固定しなくては項目とデータを同時に確認することができません。

そこで見出し項目が多いワークシートのデータをすべて表示するために、カード形式のワークシートを利用するとデータの管理を簡単にすることができます。

ファイル名 **soutry01**

総合問題 02 ▶▶ 請求書と売上明細データから売上帳と売上集計表を作成する

これまでの例題と問題では、請求書にボタンを配置してマクロとVBAで機能を追加してきました。この問題では、請求書のデータを転記して売上明細データから売上帳と売上集計表を作成します。

ファイル名 **soutry02**

総合問題 03 ▶▶ 入庫と出庫のデータから在庫受払表と在庫残高表を作成する

この問題では、毎日の商品の入庫と出庫の数量データから、商品ごとの在庫の受払帳と在庫残高の一覧表を作成します。

在庫受払帳は、商品の入庫と出庫のデータから商品コードを指定して抽出処理を実行します。

在庫残高表は、商品の入庫と出庫のデータから商品ごとの集計処理を実行します。

ファイル名 **soutry03**

A～H

Abs関数 99,121
Activateメソッド 148,191,222
ActiveSheetプロパティ 199
ActiveWorkbookプロパティ 222
ActiveXコントロール 41
Addメソッド 199,223,252
AddItemメソッド 298,301
ADOライブラリー 316
AdvancedFilterメソッド 260,262
And 76,262
Array関数 99,137,197
Asc関数 98
AutoFilterメソッド 257,258
AutoFitメソッド 177
Boldプロパティ 168
Boolean 65,99
BorderAroundメソッド 180
Bordersプロパティ 179
Byte 65
CBool関数 99
CByte関数 99
CCur関数 99
CDate関数 99
CDbl関数 99
Cellsプロパティ 86,147
Chr関数 98,117,176
CInt関数 99
ClearContentsメソッド 60,161
ClearFormatsメソッド 161
ClearHyperLinksメソッド 161
Clearメソッド 161
CLng関数 99
Closeメソッド 225
ColorIndexプロパティ 169,181,193
Colorプロパティ 169,181
Columnsプロパティ 150
ColumnWidthプロパティ 177
COMアドインボタン 25
Consolidateメソッド 268
Copyメソッド 159,202
Countプロパティ 156
CreateObject関数 99,137
CSng関数 99
CStr関数 99
CSVファイル 235,237
Currency 65
CurrentRegionプロパティ 154
Cutメソッド 159
CVar関数 99
Date 65
DateAdd関数 98,111
DateDiff関数 98,110
DatePart関数 98
DateSerial関数 98,108
DateValue関数 98,108
Date関数 98,105
Day関数 98,106
Deleteメソッド 162,183,199
Dir関数 137,139
Do～Loopステートメント 89,91
Double 65
EndFunction 94
EndSub 94
Excelのオプション 17
FileSystemObject 235,316
Filter関数 99
Findメソッド 245,247
Fix関数 99,121
Fontプロパティ 165
ForEach～Nextステートメント 85
For～Nextステートメント 84
Format関数 99,126
FormulaHiddenプロパティ 208
FormulaR1C1プロパティ 153
Formulaプロパティ 103,152
FullNameプロパティ 222
Functionプロシージャ 94,140
GetOpenFilenameメソッド 239
GetSaveAsFilenameメソッド 238
Hiddenプロパティ 186
HorizontalAlignmentプロパティ 175
Hour関数 98,107

I～N

If～Then～ElseIfステートメント 75
If～Then～Elseステートメント 74
If～Thenステートメント 74
IMEモード 287,291,301
InputBox関数 99,133
Insertメソッド 183
InStrRev関数 98
InStr関数 98,118
Integer 65
Interiorプロパティ 170
Int関数 99,121
IsArray関数 99,137
IsDate関数 99,137
IsEmpty関数 99,137,138
IsError関数 99,137
IsMissing関数 99,137
IsNull関数 99,137
IsNumeric関数 99,137
IsObject関数 99,137
Italicプロパティ 168
Join関数 99
LBound関数 99,137
Lcase関数 98,136
Left関数 98,113
Len関数 98,112
LineStyleプロパティ 179
DateValue関数 98,108
Lockedプロパティ 208
Long 65
Ltrim関数 98,114
Mid関数 98,113
Minute関数 98,107
Mod演算子 170
Month関数 98,106
Moveメソッド 202
MsgBox関数 99,128
Nameプロパティ 165,192,222
Now関数 98,105
NumberFormatLocalプロパティ 173

O～S

Object 65
Offsetプロパティ 149
Openメソッド 220
OptionExplicitステートメント 68
PageSetup.PrintAreaプロパティ 217
PageSetupプロパティ 214
PasteSpecialメソッド 160
Pasteメソッド 159
Patternプロパティ 171
PrintOutメソッド 211
PrintPreviewメソッド 211
Privateステートメント 64,96
Protectメソッド 206
Publicステートメント 64,96
Range.PrintOutメソッド 213
Rangeプロパティ 146
Replace関数 98,115
Right関数 98,113
Rnd関数 99
Round関数 99,121
RowHeightプロパティ 177
Rowsプロパティ 150
Rtrim関数 98,114
SaveAsメソッド 224
SaveCopyAsメソッド 225
Saveメソッド 224
Second関数 98,107
Select～Caseステートメント 79
Selectメソッド 148,191
Shell関数 137
Showメソッド 276,280
Single 65
SortFieldsプロパティ 252
Sortオブジェクト 251
Sortメソッド 253
Space関数 99
SpecialCellsメソッド 155
Split関数 99
Staticステートメント 64
StrComp関数 98
StrConv関数 116
String 65

INDEX

String関数	99
StrReverse関数	98
Str関数	98
Sub	94
Subtotalメソッド	264,268
Subプロシージャ	94

T〜Y

Tabプロパティ	193
ThisWorkBookプロパティ	223
Timer関数	98
TimeSerial関数	98
TimeValue関数	98
Time関数	98,105
Trim関数	98,114
TypeName関数	99,137
UBound関数	99,137
UCase関数	98,136
UnderLineプロパティ	168
Unprotectメソッド	206
Until	90,92
UserForm_Activateイベント	276
UserForm_Clickイベント	278
UserForm_Initializeイベント	276
UserForm_QueryCloseイベント	276
UserForm_Terminateイベント	276
Valueプロパティ	151
Val関数	98,119
Variant	65
VBA	14
VBAProjectのコンパイル	166
VBA関数	94
VBAのヘルプ	240
VBE	14,21,35
VerticalAlignmentプロパティ	175
Visibleプロパティ	204
VisualBasicEditor	14,21,35
VisualBasicボタン	24
WeekdayName関数	98,109
Weekday関数	98,109
Weightプロパティ	179
While	89,92
Withステートメント	166
Workbook_Openイベント	281
Workbooksプロパティ	223
Worksheet_Activateイベント	194
Worksheet_Deactivateイベント	196
Worksheetsプロパティ	190
Wraptextプロパティ	176
XMLファイル	25,316
Year関数	98,106

あ・か・さ行

新しいグループボタン	44
新しいタブボタン	45
イベント	60
イベントプロシージャ	194,232,282
印刷	210,218
インポート	25,270
エクスポート	55,269
オブジェクト	58
オブジェクト型	65
オブジェクトボックス	292,293
オプションボタン	283,302
開発タブ	21,24
カウンタ変数	84
拡張子	20
カレントフォルダ	221
記録終了ボタン	13
クイックアクセスツールバー	49
串刺し計算	202,268
組み込み定数	204
クラスモジュール	316
グラフ	58,316
グループ化	197
形式を選択して貼り付け	163
コードウィンドウ	35,278
コードの表示ボタン	25
コマンドボタン	283,288
コレクション	59
コントロール	283
コントロールキー	36
コントロールグループ	25
コンボボックス	283,299
作業中のブック	27
実行時エラー	167,187,200
シリアル値	109,126
白黒印刷	218
信頼できる場所	19
整数型	65
セキュリティセンター	17
セキュリティの警告	16
絶対参照	29,153
相対参照	29,153
相対参照で記録ボタン	24,29
挿入ボタン	25,38

た・は行

ダイアログの実行ボタン	25
多次元配列	72
単精度浮動小数点数型	65
チェックボックス	283,305
長整数型	65
通貨型	65
ツールバー	35,49
ツールボックス	282,292
定数	64
データ型	64
テキストファイル	234
テキストボックス	283,286
デザインモードボタン	25
動的配列	72
倍精度浮動小数点数型	65
バイト型	65
配列	70
配列の有効範囲	71
バリアント型	65
比較演算子	76
日付型	65,99
ピボットテーブル	316
標準モジュール	28
ファイル形式	20
ファイルの種類	20
ブール型	65
フォームコントロール	25,38,41
フレーム	283,302
プロシージャ	28,94
プロシージャ適用範囲	96
プロシージャボックス	292,293
プロジェクトエクスプローラー	35
プロパティ	59
プロパティウィンドウ	35,274
プロパティボタン	25
変数	62

ま・や・ら・わ行

マクロ	14
削除	55
自動記録	27
名前	54
名前の変更	53
編集	33,53
有効にする	16,242
呼び出し	32
マクロの記録ボタン	13,24
マクロのセキュリティボタン	24
マクロの登録	39
マクロの保存先	27
マクロボタン	51
マクロ名	27
無限ループ	91
メソッド	58,60
メニューバー	35
モジュール	28
文字列型	65,83
ユーザー定義型	65
ユーザー定義関数	101,140
ユーザーフォーム	272
ラベル	283,284
リストボックス	283,295
リボン	21,36,43
リボンのユーザー設定	22,43,51
論理演算子	76
論理積	76
論理和	76
ワークシート関数	100,103,124
和暦	110,126,173

著者プロフィール

近田 順一朗（ちかだ じゅんいちろう）

税理士　Soft-j.com代表者
インターネットとエクセルを利用して、お客様に新しい税務会計サービスを提供している税理士です。Soft-j.comでは税金計算のシステムをサポートしています。

Soft-j.com
Soft-j.comは、ExcelとVBAを利用して会計処理、給与計算、年末調整の日常業務と所得税、法人税、消費税、相続税、贈与税、財産評価の税金計算を効率化するシステムをインターネットで公開しています。
Soft-j.comのサイトからは、公開中のシステムのファイルがダウンロードできます。
URL：http://www.soft-j.com

主な著書
「例題30＋演習問題70でしっかり学ぶ ExcelVBA標準テキスト Excel 2010/2007対応版」「Excel データベース機能詳解　Excelだけでできるデータベース」（以上、技術評論社）「年末調整・法定調書の記載チェックポイント」「消費税率5％→8％変更時の申告書記載チェックポイント」（以上、中央経済社）「相続税あなたはいくら税金を払う?」「フリーランスと個人事業主の得する確定申告」（以上、秀和システム）

カバー・本文デザイン●釣巻デザイン室
カバーイラスト●藤井アキヒト
本文DTP●永井淑子

例題30＋演習問題70でしっかり学ぶ
Excel VBA 標準テキスト
Excel 2013／2016対応版

2016年6月15日　初版　第1刷発行

著　者　近田　順一朗
発行者　片岡　巌
発行所　株式会社　技術評論社
　　　　東京都新宿区市谷左内町21-13
　　　　電話　03-3513-6150　販売促進部
　　　　　　　03-3513-6166　書籍編集部
　　　　URL　http://gihyo.jp
印刷・製本　日経印刷株式会社

定価はカバーに表示してあります。

本書の一部または全部を著作権法の定める範囲を超え、無断で複写、複製、転載あるいはファイルに落とすことを禁じます。落丁、乱丁本はお取替えいたします。

©2016　近田順一朗

> 造本には細心の注意を払っておりますが、万一、乱丁（ページの乱れ）、落丁（ページの抜け）がございましたら、小社販売促進部までお送りください。送料小社負担にてお取替えいたします。

ISBN978-4-7741-8144-8　C3055
Printed in Japan

サンプルファイルのダウンロードについて

例題および演習問題のサンプルファイルを、小社Webサイトの本書紹介ページの「補足情報」からダウンロードできるようになっています。

http://gihyo.jp/book/2016/978-4-7741-8144-8

ダウンロード以外の方法では、サンプルファイルの提供は行っておりません。

お問い合わせについて

本書に関するご質問は、記載されている内容に関するもののみとさせていただきます。パソコン、Windows、Office製品の不具合など、本書記載の内容と関係のないご質問には、いっさいお答えできません。あらかじめご了承ください。

小社では、電話でのご質問は受け付けておりません。お手数ですが、FAXか書面にて下記までお送りください。

なお、ご質問の際は、書名と該当ページ、返信先を必ず明記してください。

サンプルファイルに関して、各種変更などのカスタマイズは、必ずご自身で行ってください。小社および著者はいっさい代行致しません。また、カスタマイズに関するご質問にもお答えできませんので、あらかじめご了承ください。

お送りいただいたご質問には、できる限り迅速にお答えできるように努力しておりますが、場合によっては時間がかかることがあります。

◆問い合わせ先
宛先　〒162-0846
　　　東京都新宿区市谷左内町21-13
　　　株式会社技術評論社　書籍編集部
　　　『Excel VBA標準テキスト
　　　Excel 2013／2016対応版』係
FAX　03-3513-6183

※なお、ご質問の際に記載いただきました個人情報は、本書の企画以外での目的には使用いたしません。参照後は速やかに削除させていただきます。